Die Bibel über Kräuterheilmittel und Naturmedizin für die Gesundheit von Kindern

Die ultimative [10-in-1]-Sammlung heilender Kräuter, Blumen und Pflanzen für die Gesundheit von Kindern, von häufigen Beschwerden bis hin zu chronischen Erkrankungen

NatureCures Press

Inhaltsverzeichnis

Einführung

Auf den Seiten dieser Sammlung werden die Leser dazu eingeladen, sich auf eine Erkundungstour in die komplexe Welt pflanzlicher Heilmittel und Naturheilmittel zu begeben, die sorgfältig auf die besonderen Bedürfnisse von Kindern zugeschnitten sind. Basierend auf der zeitlosen Weisheit der botanischen Heilung entfaltet dieses Buch eine Reise, die vom Verständnis der Grundlagen der Kräutermedizin für Kinder bis zur Kultivierung nachhaltiger Praktiken reicht, die über Generationen hinweg Anklang finden. In den folgenden Kapiteln geht es darum, die tiefgreifenden Vorteile der Anwendung pflanzlicher Ansätze für das Wohlergehen der jüngsten Mitglieder unserer Gemeinschaften aufzuzeigen. Von den wesentlichen Sicherheitsprinzipien bis hin zur Kunst, Kräuterräume und Gärten für Kinder zu schaffen, bietet jeder Abschnitt eine differenzierte Perspektive auf die Integration von Kräutern in das Gefüge der Kindergesundheit. Dieser Leitfaden soll ein aufschlussreicher Begleiter sein, der Betreuern Einblicke und praktische Weisheiten bietet, die sich im Reich der pflanzlichen Heilmittel zurechtfinden – einem Reich, in dem die natürlichen Rhythmen der Erde mit den heiklen Bedürfnissen der Gesundheit von Kindern zusammentreffen.

TEIL 1: EINFÜHRUNG IN Kräuterheilung für Kinder

1.1 Kräutermedizin für Kinder verstehen

Die Kräutermedizin für Kinder basiert auf der Verwendung von Pflanzen, Blumen und Kräutern zur Behandlung verschiedener Gesundheitsprobleme. Im Gegensatz zu Arzneimitteln wirken Kräuter oft synergistisch auf den Körper ein und zielen nicht nur darauf ab, die Symptome zu lindern, sondern auch das allgemeine Wohlbefinden zu fördern. Es ist wichtig zu erkennen, dass der Körper von Kindern aufgrund seiner sich entwickelnden Physiologie auf einzigartige Weise auf Kräuterbehandlungen reagiert.

Darüber hinaus verfolgen pflanzliche Heilmittel für Kinder einen individuellen Ansatz, der berücksichtigt, dass die Konstitution jedes Kindes unterschiedlich ist. Diese individuelle Perspektive ermöglicht maßgeschneiderte Kräuterinterventionen, die auf die spezifischen Bedürfnisse und Gesundheitsziele des Kindes abgestimmt sind. Wenn Eltern Kräuteroptionen erkunden, ist die Beratung durch qualifizierte Kräuterkundler oder medizinisches Fachpersonal ein wertvoller Schritt, um sicherzustellen, dass die richtigen Kräuter für die besondere Gesundheitssituation eines Kindes ausgewählt werden.

1.1.1 Vorteile und Risiken

Für eine fundierte Entscheidungsfindung ist es von größter Bedeutung, die Vorteile und Risiken der Kräutermedizin für Kinder zu verstehen. Positiv ist, dass pflanzliche Heilmittel im Vergleich zu herkömmlichen Medikamenten oft weniger Nebenwirkungen haben. Viele Kräuter haben heilende Eigenschaften, die nicht nur die Symptome bekämpfen, sondern auch zur allgemeinen Vitalität des Körpers beitragen. Kräuter wie Kamille oder Ingwer können beispielsweise Verdauungsbeschwerden lindern und ein ganzheitliches Wohlbefinden fördern.

Es ist jedoch wichtig zu erkennen, dass pflanzliche Heilmittel, genau wie jede Form von Medizin, potenzielle Risiken bergen. Obwohl selten, können allergische Reaktionen auftreten, was unterstreicht, wie wichtig es ist, neue Kräuter vorsichtig einzuführen. Wechselwirkungen mit vorhandenen Medikamenten müssen berücksichtigt werden, wobei die Notwendigkeit einer offenen Kommunikation zwischen Eltern, Gesundheitsdienstleistern und Kräuterkundigen betont wird.

Die Dosierung und Verabreichung von Kräuterbehandlungen für Kinder erfordert Präzision. Die richtige Balance sorgt für Wirksamkeit, ohne die Sicherheit zu beeinträchtigen. Eltern sollten die spezifischen Eigenschaften jedes Krauts sorgfältig erforschen und verstehen und dabei Faktoren wie das Alter, das Gewicht und den individuellen Gesundheitszustand des Kindes berücksichtigen.

Auf der Suche nach Vorteilen besteht ein weit verbreitetes Missverständnis darin, anzunehmen, dass Kräuter immer sicher seien, weil sie natürlich seien. Es ist von entscheidender Bedeutung, diesen Mythos zu entlarven und der Kräutermedizin mit dem Respekt und der Vorsicht zu begegnen, die sie verdient. Dazu gehört es, die Wirksamkeit bestimmter Kräuter zu erkennen und auf mögliche Kontraindikationen zu achten.

1.1.2 Sicherheitsrichtlinien

Die Festlegung umfassender Sicherheitsrichtlinien ist unerlässlich, wenn Kräutermedizin in die Gesundheitsroutine von Kindern integriert werden soll. Eltern sollten sich über seriöse Informationsquellen informieren und sich von qualifizierten Kräuterheilkundigen, Kinderärzten oder seriösen Referenzen zur Kräutermedizin beraten lassen. Dieses Wissen dient als Grundlage für fundierte Entscheidungen im Einklang mit dem Wohl des Kindes.

Ein wesentlicher Sicherheitsaspekt ist die Überprüfung der Qualität und Herkunft pflanzlicher Produkte. Durch die Entscheidung für seriöse Lieferanten und die Sicherstellung, dass die Produkte strengen Tests unterzogen werden, wird das Risiko einer Kontamination oder des Einschlusses ungeeigneter Substanzen verringert. Die Wahl biologischer, ethisch einwandfreier Kräuter verbessert das Sicherheitsprofil pflanzlicher Heilmittel zusätzlich.

Darüber hinaus ist die altersgerechte Dosierung ein entscheidender Aspekt zur Gewährleistung der Sicherheit. Der Körper von Kindern verstoffwechselt Substanzen anders als der von Erwachsenen, weshalb die Dosierungsrichtlinien sorgfältig beachtet werden müssen. Die Beratung durch medizinisches Fachpersonal, das sich mit Kräutermedizin auskennt, hilft bei der Anpassung der Dosierungsempfehlungen an die einzigartigen physiologischen Eigenschaften des Kindes.

Darüber hinaus sollten Eltern auf mögliche Wechselwirkungen zwischen Kräutern und Arzneimitteln achten. Die Aufrechterhaltung einer offenen Kommunikationslinie mit Gesundheitsdienstleistern erleichtert einen kooperativen Ansatz bei der Gesundheitsversorgung und stellt sicher, dass Kräuterbehandlungen herkömmliche Medikamente ergänzen und nicht im Widerspruch zu ihnen stehen.

1.2 Bedeutung natürlicher Ansätze für die Gesundheit von Kindern

Die Anerkennung der Bedeutung natürlicher Ansätze zur Förderung der Gesundheit von Kindern ist von entscheidender Bedeutung für die Abkehr von allzu synthetischen Eingriffen. Natürliche Methoden umfassen ein breites Spektrum, einschließlich Ernährung, Lebensstil und pflanzliche Heilmittel, und tragen gemeinsam zum ganzheitlichen Wohlbefinden eines Kindes bei.

1.2.1 Ganzheitliches Wohlbefinden

Ganzheitliches Wohlbefinden für Kinder legt Wert auf einen umfassenden und vernetzten Gesundheitsansatz. Es geht über die bloße Abwesenheit von Krankheit hinaus und erstreckt sich auf die Förderung der körperlichen, emotionalen und geistigen Vitalität. Natürliche Ansätze wie eine ausgewogene und nährstoffreiche Ernährung, regelmäßige körperliche Aktivität und ausreichend Schlaf bilden die Grundpfeiler für ganzheitliches Wohlbefinden.

Die Ernährung spielt eine entscheidende Rolle bei der Förderung einer ganzheitlichen Gesundheit. Eine Ernährung, die reich an Vollwertkost, Obst und Gemüse ist, liefert nicht nur wichtige Nährstoffe für das körperliche Wachstum, sondern unterstützt auch die kognitive Entwicklung und das emotionale Gleichgewicht. Der Verzicht auf verarbeitete Lebensmittel und übermäßigen Zucker trägt dazu bei, das Risiko chronischer Erkrankungen zu mindern und sorgt für ein anhaltendes Energieniveau bei Kindern.

Neben der Ernährung trägt auch die Förderung eines aktiven Lebensstils wesentlich zum ganzheitlichen Wohlbefinden bei. Regelmäßige körperliche Aktivität trägt dazu bei, ein gesundes Gewicht zu halten, die Herz-Kreislauf-Gesundheit zu unterstützen und die Entwicklung motorischer Fähigkeiten zu fördern. Vor allem das Spielen im Freien bringt Kinder der Natur näher, stärkt ihre Verbindung zur Umwelt und fördert die emotionale Belastbarkeit.

Über die physischen Aspekte hinaus ist die Berücksichtigung der emotionalen und mentalen Aspekte des Wohlbefindens eines Kindes von entscheidender Bedeutung. Ganzheitliche Ansätze umfassen Praktiken wie Achtsamkeit, Meditation und die Förderung positiver sozialer Verbindungen. Diese Praktiken verleihen Kindern emotionale Intelligenz, Mechanismen zur Stressbewältigung und eine belastbare Denkweise.

Darüber hinaus erkennt ganzheitliches Wohlbefinden die Vernetzung von Körper und Geist an. Durch die Integration von Übungen wie Yoga oder Tai Chi wird nicht nur die körperliche Flexibilität verbessert, sondern auch die geistige Klarheit und das emotionale Gleichgewicht gefördert. Durch die Förderung des allgemeinen Wohlbefindens eines Kindes legen natürliche Ansätze den Grundstein für ein widerstandsfähiges und erfolgreiches Individuum.

1.2.2 Integration von Kräutern in die konventionelle Medizin

Die Integration pflanzlicher Heilmittel mit der konventionellen Medizin bedeutet einen gemeinschaftlichen und ergänzenden Ansatz für die Gesundheit von Kindern. Während sich die konventionelle Medizin bei akuten Eingriffen auszeichnet, bieten pflanzliche Heilmittel eine natürliche und präventive Dimension und bieten insgesamt eine umfassendere Gesundheitsstrategie.

Die Zusammenarbeit zwischen pflanzlicher und konventioneller Medizin erfordert eine offene Kommunikation zwischen Eltern, Gesundheitsdienstleistern und Kräuterkundigen. Dies gewährleistet einen kohärenten und fundierten Ansatz, der das allgemeine Gesundheitsbild des Kindes berücksichtigt. Pflanzliche Heilmittel, die für ihre vorbeugende Wirkung bekannt sind, können in die Routine eines Kindes integriert werden, um das Immunsystem zu stärken und zugrunde liegende Ungleichgewichte zu bekämpfen.

Ein bemerkenswerter Aspekt der Integration von Kräutern in die Schulmedizin ist die Möglichkeit, die mit bestimmten Medikamenten verbundenen Nebenwirkungen zu minimieren. Kräuter können als unterstützende Mittel wirken und dabei helfen, Nebenwirkungen zu mildern und die therapeutische Gesamtwirkung zu verstärken. Beispielsweise können Kräuter mit entzündungshemmenden Eigenschaften Medikamente ergänzen, die bei chronischen Erkrankungen verschrieben werden, ohne dass die Sicherheit darunter leidet.

Darüber hinaus ermöglicht die Integration personalisierte und maßgeschneiderte Gesundheitspläne. Das Gesundheitsprofil jedes Kindes ist einzigartig und die Kombination konventioneller und pflanzlicher Ansätze ermöglicht eine differenzierte und individuelle Strategie. Pflanzliche Heilmittel können Lücken schließen, an denen die konventionelle Medizin möglicherweise scheitert, indem sie subtile Ungleichgewichte beheben und die allgemeine Erhaltung der Gesundheit fördern.

Um eine erfolgreiche Integration zu fördern, ist die Aufklärung von medizinischem Fachpersonal über Kräutermedizin unerlässlich. Ein erhöhtes Bewusstsein der Ärzte für die potenziellen Vorteile und Wechselwirkungen pflanzlicher Heilmittel gewährleistet einen kollaborativen und patientenzentrierten Ansatz. Dieses Kooperationsmodell steht im Einklang mit dem breiteren Trend im Gesundheitswesen, integrative Medizin für umfassendere und effektivere Ergebnisse zu nutzen.

TEIL 2: EINRICHTEN IHRES KRÄUTERGARTENS FÜR KINDER

2.1 Auswahl kinderfreundlicher Kräuter und Pflanzen

Bei der Gestaltung eines Kräutergartens für Kinder ist eine sorgfältige Auswahl der Pflanzen und Kräuter erforderlich. Die Auswahl kinderfreundlicher Sorten sorgt für eine sichere und ansprechende Umgebung, die Neugier weckt und die Verbindung zur Natur fördert. Bei diesem Prozess geht es nicht nur darum, Kräuter mit medizinischen Eigenschaften zu identifizieren, sondern auch diejenigen zu priorisieren, die optisch ansprechend und aromatisch sind und mit denen Kinder leicht interagieren können.

2.1.1 Einfach anzubauende Sorten

Die Wahl von Kräutern, die einfach anzubauen sind, ist für die Pflege eines erfolgreichen und nachhaltigen Kräutergartens für Kinder von grundlegender Bedeutung. Hier erkunden wir eine vielfältige Auswahl an Kräutern, die für ihre Widerstandsfähigkeit, Anpassungsfähigkeit und Eignung für junge Gärtner bekannt sind.

*1. Minze (Mentha spp.): Minze zeichnet sich als vielseitiges und robustes Kraut aus, das unter verschiedenen Bedingungen gedeiht. Sein unverwechselbares Aroma und sein erfrischender Geschmack machen es für Kinder attraktiv. Sorten wie Grüne Minze und Pfefferminze verleihen Tees und Getränken nicht nur Geschmack, sondern dienen auch als natürliches Insektenschutzmittel.

*2. Kamille (Matricaria chamomilla): Kamille ist mit ihren zarten weißen Blüten und beruhigenden Eigenschaften eine hervorragende Ergänzung für einen kinderfreundlichen Kräutergarten. Es ist für seinen milden Geschmack bekannt und kann in Tees verwendet werden, um die Entspannung zu fördern und Verdauungsbeschwerden zu lindern.

*3. Lavendel (Lavandula spp.): Die duftenden violetten Blüten des Lavendels werten den Garten sowohl optisch als auch aromatisch auf. Dieses Kraut wird für seine beruhigende Wirkung geschätzt und kann in Beutel eingearbeitet oder zur Herstellung beruhigender Kräuterkissen für die Schlafenszeit verwendet werden.

*4. Basilikum (Ocimum Basilicum): Basilikum ist ein Küchenkraut, mit dem sich Kinder leicht beschäftigen können. Seine aromatischen Blätter verleihen verschiedenen Gerichten eine besondere Geschmacksnote und machen ihn zu einem Favoriten für junge Köche. Basilikum gibt es in verschiedenen Sorten, zum Beispiel als süßes Basilikum und Zitronenbasilikum, die unterschiedliche Düfte und Geschmäcker bieten.

*5. Ringelblume (Calendula officinalis): Calendula, auch Ringelblume genannt, ist für ihre leuchtend orangefarbenen und gelben Blüten bekannt. Neben ihrer optischen Attraktivität hat die Ringelblume auch milde heilende Eigenschaften und eignet sich daher zur Herstellung von Kräutersalben oder zum Aufgießen von Ölen für eine sanfte Hautpflege.

*6. Kapuzinerkresse (Tropaeolum majus): Kapuzinerkresse ist eine einfach zu züchtende Blütenpflanze, die dem Garten einen Hauch von Farbe verleiht. Sowohl die Blätter als auch die Blüten sind essbar und sorgen für einen pfeffrigen Geschmack. Kapuzinerkresse ist nicht nur optisch anregend, sondern regt auch zum Entdecken im Garten an.

*7. Zitronenmelisse (Melissa officinalis): Mit seinem zitronigen Duft und dem milden Geschmack ist Zitronenmelisse ein kinderfreundliches Kraut, das in Tees und kulinarischen Kreationen verwendet werden kann. Es ist für seine beruhigenden Eigenschaften bekannt und daher eine wertvolle Ergänzung für einen Garten, der zum Entspannen einlädt.

*8. Sonnenblumen (Helianthus annuus): Obwohl Sonnenblumen keine Kräuter sind, sind sie aufgrund ihrer beeindruckenden Größe und ihres fröhlichen Aussehens eine hervorragende Ergänzung für einen kinderfreundlichen Garten. Sie liefern auch Samen, die als Snacks geerntet oder in Vogelfutterhäuschen verwendet werden können und so eine Verbindung zur Tierwelt fördern.

*9. Dill (Anethum Graveolens): Dill ist ein aromatisches Kraut mit gefiederten Blättern, das Kinder fasziniert. Es verleiht Gerichten einen einzigartigen Geschmack und kann in Beizprojekte integriert werden, sodass Kinder die Umwandlung von Kräutern bei der Essenszubereitung miterleben können.

*10. Rosmarin (Rosmarinus officinalis): Die duftenden, nadelartigen Blätter des Rosmarins machen ihn zu einer attraktiven und aromatischen Ergänzung für den Garten. Es ist ein robustes Kraut, das nur minimale Pflege erfordert und in kulinarischen Unternehmungen verwendet werden kann, um Kinder in die vielfältige Welt der Kräuteraromen einzuführen.

2.1.2 Kräuter für Sinnesgärten für Kinder

Um einen speziell auf Kinder zugeschnittenen Sinnesgarten zu schaffen, müssen Kräuter ausgewählt werden, die ihre Sinne ansprechen und ein mehrdimensionales Erlebnis fördern, das über den visuellen Reiz hinausgeht. Diese Kräuter sorgen nicht nur für lebendige Farben und verführerische Düfte, sondern bieten auch Texturen, Geschmäcker und Geräusche, die die gesamte Sinneserfahrung im Garten verbessern.

*1. Zitronenverbene (Aloysia citrodora): Zitronenverbene mit ihrem zitronigen Duft verleiht dem Sinnesgarten eine olfaktorische Dimension. Kinder können es genießen, über die Blätter zu streichen und dabei einen erfrischenden Duft freizusetzen. Die aromatische Qualität der Zitronenverbene regt den Geruchssinn an und regt zum Entdecken der Sinne an.

*2. Schokoladenminze (Mentha × Piperita „Chocolate"): Schokoladenminze bringt mit ihrem herrlichen, schokoladenähnlichen Aroma ein Überraschungsmoment in den Sinnesgarten. Diese Minzsorte regt sowohl den Geruchs- als auch den Geschmackssinn an und ist daher ein Favorit für die sensorische Erkundung. Kinder können ein Blatt pflücken und den einzigartigen Geschmack hautnah erleben.

*3. Zitronenthymian (Thymus citriodorus): Zitronenthymian kombiniert den erdigen Duft von Thymian mit einem Hauch von Zitrusfrüchten. Seine kleinen Blätter bieten Kindern ein taktiles Erlebnis, wenn sie das strukturierte Blattwerk berühren und erkunden. Zitronenthymian kann in sensorische Aktivitäten wie Kräuterduftsäckchen oder gepresste Kräuterkunst integriert werden.

*4. Zimtbasilikum (Ocimum basilicum 'Cinnamon'): Zimtbasilikum verleiht dem Sinnesgarten einen warmen und würzigen Duft. Das ausgeprägte Aroma von Zimt regt den Geruchssinn an, während die strukturierten Blätter zum Berühren einladen. Kinder können den sensorischen Kontrast zwischen verschiedenen Basilikumsorten erkunden und die vielfältigen Düfte dieser Kräuterfamilie entdecken.

*5. Ananassalbei (Salvia elegans): PiAnanassalbei sorgt für einen fruchtigen Duft, der an Ananas erinnert. Die leuchtend roten Blüten locken nicht nur Bestäuber an, sondern sorgen auch für ein optisch anregendes Element. Wenn Kinder dazu ermutigt werden, die Blätter zwischen ihren Fingern zu reiben, wird der süße Duft freigesetzt und das taktile Erlebnis im Garten verstärkt.

*6. Erdbeerminze (Mentha × piperita „Strawberry"): Erdbeerminze spricht mit ihrem süßen Erdbeeraroma sowohl den Geschmacks- als auch den Geruchssinn an. Die strukturierten Blätter bieten ein taktiles Erlebnis und machen es zu einem fesselnden Kraut für die Sinneserkundung. Kinder können sich daran erfreuen, Blätter zu pflücken, um daraus Wasser für ein erfrischendes Getränk aufzugießen.

*7. Katzenminze (Nepeta cataria): Catnip, bekannt für seine Anziehungskraft auf Katzenfreunde, bringt ein faszinierendes Element in den Sinnesgarten. Während bei Kindern möglicherweise nicht die gleiche Reaktion wie bei Katzen auftritt, regen die aromatischen Blätter und der dezente Minzduft des Krauts ihren Geruchssinn an. Katzenminze kann in Aktivitäten wie die Herstellung von Katzenminze-Beuteln oder die Beobachtung ihrer Wachstumsmuster integriert werden.

*8. Grüne Minze (Mentha spicata): Grüne Minze ist mit ihrem süßen und erfrischenden Duft eine klassische Wahl für Sinnesgärten. Die leicht flauschigen Blätter sorgen für ein haptisches Erlebnis und die aromatischen Eigenschaften regen den Geruchssinn an. Kinder können die Blätter der Grünen Minze bei kulinarischen Aktivitäten verwenden oder einfach den sensorischen Reichtum genießen, den sie bieten.

*9. Pennyroyal (Mint-Riemenscheibe): Pennyroyal sorgt mit seinem niedrig wachsenden Wuchs für ein bodennahes Sinneserlebnis. Der mentholartige Duft des Krauts regt den Geruchssinn an, während seine kriechende Natur zum Berühren einlädt. Durch die Einbindung von Pennyroyal in einen Sinnesgarten werden Kinder dazu ermutigt, verschiedene Schichten und Dimensionen im Kräuterraum zu erkunden.

*10. Rosengeranie (Pelargonium Graveolens): Rosengeranien verleihen dem Sinnesgarten einen blumigen und rosigen Duft. Die samtigen Blätter bieten ein weiches und taktiles Erlebnis und laden Kinder ein, die strukturierten Oberflächen zu spüren. Rosengeranien können für verschiedene sensorische Aktivitäten verwendet werden, beispielsweise zum Herstellen von Duftlesezeichen oder zum Erkunden ihrer aromatischen Eigenschaften in Potpourri.

2.2 Einen sicheren und ansprechenden Kräuterraum schaffen

Die Schaffung eines sicheren und ansprechenden Kräuterraums für Kinder erfordert eine sorgfältige Planung und Gestaltung, um eine harmonische Mischung aus Bildung, Erkundung und Sicherheit zu gewährleisten. Dieser ganzheitliche Ansatz fördert nicht nur die Liebe zur Natur, sondern weckt auch schon früh ein Verständnis für die Wunder der Kräuterheilkunde.

2.2.1 Kindersichere Gartengestaltung

Bei kindersicheren Gartengestaltungen stehen sowohl die körperliche Sicherheit als auch das allgemeine Wohlbefinden junger Gärtner im Vordergrund. Von der Gestaltung bis zur Pflanzenauswahl spielt jedes Element eine entscheidende Rolle bei der Schaffung einer Umgebung, in der Kinder ohne unnötige Risiken die Natur erkunden, lernen und mit ihr in Kontakt treten können.

Die Gestaltung des Kräuterbereichs sollte die Altersgruppe der Kinder berücksichtigen und eine einfache Navigation ermöglichen. Die Wege sollten frei und frei von Stolperfallen sein, damit junge Gärtner sich bequem bewegen und verschiedene Bereiche des Gartens erkunden können. Die Einbindung ausgewiesener Spielbereiche in den Kräuterbereich verbessert das Gesamterlebnis und bietet Möglichkeiten für kreative Aktivitäten und Lernen im Freien.

Die Pflanzenauswahl ist ein grundlegender Aspekt einer kindersicheren Gartengestaltung. Durch die Auswahl ungiftiger Pflanzen wird sichergestellt, dass eine versehentliche Einnahme oder ein versehentlicher Kontakt keine Gefahr für Kinder darstellt. Darüber hinaus verringert die Wahl von Pflanzen mit weichem oder nicht stacheligem Laub das

Risiko von Kratzern oder Irritationen. Kinder in den Auswahlprozess einzubeziehen, ihnen die Eigenschaften jeder Pflanze zu erklären und sie zu ermutigen, Kräuter zu erkennen und zu unterscheiden, trägt sowohl zur Sicherheit als auch zur Bildung bei.

Die Schaffung physischer Grenzen innerhalb des Kräuterraums ist von wesentlicher Bedeutung, um eine unbeabsichtigte Erkundung potenziell gefährlicher Bereiche zu verhindern. Niedrige Zäune oder natürliche Barrieren können die Grenzen des Kräutergartens abgrenzen und Kinder dazu anleiten, innerhalb der ausgewiesenen Spiel- und Gartenzonen zu bleiben. Beschilderungen mit einfachen Grafiken und Worten können Sicherheitsrichtlinien verstärken und Bereiche hervorheben, in denen Aufsicht erforderlich ist.

Durch den Einbau kindgerechter Ausstattungen wie Hochbeete oder Gartentische in angemessener Höhe wird es Kindern leichter gemacht, sich an Pflanz- und Erntetätigkeiten zu beteiligen. Diese Gestaltungselemente entsprechen nicht nur der Größe junger Gärtner, sondern fördern auch das Gefühl von Eigenverantwortung und Verantwortung und fördern eine Verbindung zum Kräuterraum.

Wasserspiele, sofern vorhanden, sollten unter Berücksichtigung der Sicherheit entworfen werden. Flache Teiche oder kleine Springbrunnen können dem Kräuterraum ein interaktives und beruhigendes Element verleihen. Allerdings sind Vorsichtsmaßnahmen wie sichere Zäune und rutschfeste Oberflächen rund um Wasserspiele unerlässlich, um Unfälle zu verhindern. Die Aufklärung von Kindern über Wassersicherheit im Gartenkontext stärkt verantwortungsvolles Verhalten.

2.2.2 Pädagogische Elemente für Kinder

Pädagogische Elemente im Kräuterbereich dienen als wichtige Werkzeuge zur Förderung eines tieferen Verständnisses von Pflanzen, Natur und Kräuterkunde. Diese Elemente zielen darauf ab, Kinder in praktische Lernerfahrungen einzubeziehen, ihre Neugier zu wecken und ein lebenslanges Interesse an der Natur zu fördern.

Durch die Integration von Beschilderungen und Etiketten im gesamten Kräutergarten erhalten Sie lehrreiche Informationen zu jeder Pflanze. Einfache Beschreibungen, unterhaltsame Fakten und Illustrationen helfen Kindern, visuelle Hinweise mit den Eigenschaften verschiedener Kräuter zu verbinden. Es sollte auf die Verwendung einer kindgerechten Sprache geachtet werden, um die Informationen zugänglich und ansprechend zu gestalten.

Interaktive Lernstationen bieten Möglichkeiten zum Erkunden und Entdecken. Der Einbau von Sinnesstationen, an denen Kinder Kräuter berühren, riechen und beobachten können, verbessert ihr Verständnis für die Pflanzenvielfalt. So ermöglichen beispielsweise eine „Riechen- und Ratestation" mit aromatischen Kräutern oder ein „Texturenpfad" mit verschiedenen Pflanzenblättern die aktive Beteiligung der Kinder am Lernprozess.

Strategisch im Garten platzierte Kräuter-Identifizierungstafeln oder Poster helfen Kindern dabei, verschiedene Kräuter zu erkennen und zu benennen. Diese visuellen Hilfsmittel dienen als Bezugspunkte und verstärken die Verbindung zwischen Pflanzennamen und ihren physikalischen Eigenschaften. Darüber hinaus ermöglicht die Einbindung von QR-Codes oder Links zu Online-Ressourcen eine tiefergehende Erkundung und berücksichtigt unterschiedliche Lernstile.

Die Integration eines speziellen Lernbereichs oder eines Klassenzimmers im Freien in den Kräuterraum erleichtert strukturierte Bildungsaktivitäten. Dazu können Geschichtenerzählsitzungen über die Folklore und historische Verwendung von Kräutern, praktische Workshops zum Pflanzen und Ernten sowie interaktive Lektionen über die medizinischen Eigenschaften ausgewählter Kräuter gehören. Durch die Bereitstellung von Sitzgelegenheiten und Schatten in diesem Bereich wird der Lernkomfort erhöht.

Die Förderung von Kunst und Kreativität im Kräuterbereich fügt eine zusätzliche Ebene des pädagogischen Engagements hinzu. Durch das Anbringen von Tafeln oder Wandgemälden können Kinder ihre Beobachtungen, Gedanken und künstlerischen Interpretationen im Zusammenhang mit den Kräutern zum Ausdruck bringen. Kunstprojekte wie mit Kräutern angereichertes Kunsthandwerk oder das Abreiben von Blättern regen nicht nur die Kreativität an, sondern fördern auch das Lernen über verschiedene Pflanzenteile.

Um den pädagogischen Aspekt weiter zu verbessern, kann die Einbeziehung lokaler Kräuterheilkundler oder Pädagogen in gelegentliche Workshops oder Gartenführungen den Kindern wertvolle Einblicke und eine reale Perspektive auf die Kräuterkunde vermitteln. Gastredner können ihr Wissen weitergeben, Fragen beantworten und junge Gärtner dazu inspirieren, das breitere Feld der Naturheilkunde zu erkunden.

TEIL 3: WESENTLICHE KRÄUTER FÜR HÄUFIGE KINDERBESCHWERDEN

3.1 Pflanzliche Heilmittel gegen Husten und Erkältungen

Husten und Erkältungen sind häufige Kinderkrankheiten, die oft sanfte und natürliche Heilmittel erfordern. Pflanzliche Lösungen bieten einen wirksamen und beruhigenden Ansatz zur Linderung von Symptomen und unterstützen die natürlichen Heilungsprozesse des Körpers.

3.1.1 Beruhigende Tees und Aufgüsse

Lindernde Tees und Aufgüsse spielen eine entscheidende Rolle bei der Linderung von Husten und Erkältungen bei Kindern. Mehrere Kräuter bieten Eigenschaften, die Stauungen lindern, Entzündungen reduzieren und bei diesen häufigen Krankheiten Linderung verschaffen.

*1. Kamillentee (Matricaria chamomilla): Kamille ist aufgrund ihrer milden und beruhigenden Eigenschaften eine beliebte Wahl für wohltuende Tees. Es hat eine entzündungshemmende Wirkung und eignet sich daher gut zur Linderung von Halsschmerzen und zur Linderung von Hustenbeschwerden. Kamillentee kann für zusätzliche beruhigende Wirkung mit Honig gesüßt werden.

*2. Pfefferminztee (Mentha × Piperita): Pfefferminztee ist für seinen Mentholgehalt bekannt, der die Atemwege öffnet und das Atmen erleichtert. Es lindert verstopfte Nase und Halsreizungen. Kinder können eine warme Tasse Pfefferminztee genießen, bei jüngeren Kindern kann eine mit Pfefferminze angereicherte Dampfinhalation wirksam zur Linderung von Staus beitragen.

*3. Ingweraufguss (Zingiber officinale): Ingwer ist für seine entzündungshemmenden und immunstärkenden Eigenschaften bekannt. Ein Ingweraufguss, oft kombiniert mit Honig und Zitrone, kann bei Husten und Erkältungen lindernd sein. Es lindert Halsreizungen und spendet Wärme bei Krankheitsanfällen.

*4. Thymianaufguss (Thymus vulgaris): Thymian hat antivirale und antimikrobielle Eigenschaften und ist daher ein ausgezeichnetes Kraut bei Atemwegsinfektionen. Ein Thymianaufguss, gesüßt mit etwas Honig, kann helfen, Husten zu lindern und die Atemwege zu beruhigen. Die aromatische Natur des Thymians verleiht dem Aufguss einen verführerischen Geschmack.

*5. Süßholzwurzeltee (Glycyrrhiza glabra): Süßholzwurzel ist für ihre mildernden Eigenschaften bekannt und verleiht dem Hals eine beruhigende Wirkung. Süßholzwurzeltee kann, wenn er in Maßen genossen wird, Husten lindern und gereizte Kehlen lindern. Es ist wichtig zu beachten, dass übermäßiger Lakritzkonsum aufgrund möglicher Nebenwirkungen vermieden werden sollte.

*6. Holunderbeeraufguss (Sambucus nigra): Holunder ist reich an Antioxidantien und hat immunstärkende Eigenschaften. Ein Holunderaufguss, oft kombiniert mit anderen Kräutern wie Kamille oder Thymian, ist ein wohltuendes und immunstärkendes Getränk bei Erkältungen. Für zusätzliche Vorteile kann es mit Honig gesüßt werden.

*7. Brennnesselblättertee (Urtica dioica): Brennnesselblätter sind für ihre entzündungshemmenden und antihistaminischen Eigenschaften bekannt. Brennnesselblättertee kann helfen, allergischen Husten zu lindern und eine verstopfte Nase zu lindern. Aufgrund seines milden Geschmacks ist es für Kinder geeignet und kann für einen umfassenderen Aufguss mit anderen Kräutern kombiniert werden.

*8. Zitronenmelisse-Aufguss (Melissa officinalis): Zitronenmelisse hat beruhigende Eigenschaften und einen sanften Zitronengeschmack. Ein Zitronenmelissenaufguss kann Stress und Anspannung lindern, die häufig mit Husten und Erkältungen einhergehen. Es ist ein mildes Kraut, das andere beruhigende Kräuter in Mischungen ergänzt.

Diese Kräutertees und Aufgüsse bieten nicht nur körperliche Linderung, sondern auch ein beruhigendes Ritual, das zum allgemeinen Wohlbefinden des Kindes während einer Krankheit beiträgt.

3.1.2 Kräutersirupe und Tinkturen

Kräutersirupe und Tinkturen bieten konzentrierte Formen von Heilkräutern und bieten wirksame Linderung bei Husten und Erkältungen bei Kindern. Diese Präparate sind bequem und einfach zu verabreichen und daher für verschiedene Altersgruppen geeignet.

*1. Honig-Thymian-Sirup: Die antimikrobiellen Eigenschaften von Thymian ergeben in Kombination mit der beruhigenden Wirkung von Honig einen wirksamen Kräutersirup gegen Husten. Mit Thymian angereicherter Honig kann durch Einweichen von frischem Thymian in Honig hergestellt werden. Dadurch entsteht ein natürliches Heilmittel, das löffelweise eingenommen werden kann.

*2. Echinacea-Tinktur: Echinacea ist für seine immunstärkenden Eigenschaften bekannt. Eine Echinacea-Tinktur kann durch Extrahieren des Krauts in Alkohol oder Glycerin hergestellt werden. Diese Tinktur kann das Immunsystem bei Erkältungen unterstützen und dem Körper helfen, Infektionen abzuwehren.

*3. Marshmallow-Wurzelsirup: Die Eibischwurzel wirkt beruhigend und hat eine beruhigende und umhüllende Wirkung auf den Hals. Ein mit Honig gesüßter

Eibischwurzelsirup kann Husten lindern und Halsreizungen lindern. Dieses Präparat ist besonders nützlich bei trockenem oder Reizhusten.

*4. Holundersirup:** Holundersirup ist ein beliebtes pflanzliches Heilmittel gegen Erkältungen und Grippe. Holunderbeeren sind reich an Antioxidantien und Vitaminen, die das Immunsystem unterstützen. Holundersirup kann in der kalten Jahreszeit regelmäßig eingenommen werden, um die Immunität zu stärken und die Schwere und Dauer von Erkrankungen zu reduzieren.

*5. Knoblauchhonig:** Knoblauch ist für seine antimikrobiellen Eigenschaften bekannt. Bei einer mit Knoblauch angereicherten Honigzubereitung werden zerdrückte Knoblauchzehen mit Honig vermischt und die Mischung ziehen gelassen. Auch wenn der Geschmack stark sein mag, kann dieses Mittel bei der Behandlung von Atemwegsinfektionen wirksam sein.

*6. Propolis-Tinktur:** Propolis, ein von Bienen gesammeltes Harz, hat antivirale und antibakterielle Eigenschaften. Eine in Wasser oder Saft verdünnte Propolis-Tinktur kann Kindern zur Unterstützung des Immunsystems und zur Linderung von Husten und Erkältungen verabreicht werden.

*7. Ingwer-Melissen-Tinktur:** Durch die Kombination der entzündungshemmenden Eigenschaften des Ingwers mit der beruhigenden Wirkung der Zitronenmelisse entsteht eine synergistische Tinktur. Dieses Präparat kann bei der Linderung von Entzündungen, der Linderung von Husten und der Förderung der Entspannung während einer Krankheit wirksam sein.

*8. Fenchelsamensirup:** Fenchelsamen wirken positiv auf die Atemwege und können helfen, Husten zu lindern. Ein mit Honig gesüßter Fenchelsamensirup kann zubereitet werden, indem man Fenchelsamen in Wasser köchelt und den abgesiebten Aufguss dann mit Honig vermischt. Dieser Sirup wirkt besonders lindernd bei Husten, der mit einer Verstopfung einhergeht.

Kräutersirupe und Tinkturen bieten konzentrierte Dosen von Heilkräutern und sorgen so für eine gezielte Linderung spezifischer Symptome. Bei verantwortungsvoller Anwendung und in angemessener Dosierung können diese Präparate eine wertvolle Ergänzung zu einem natürlichen Ansatz zur Behandlung von Husten und Erkältungen bei Kindern sein.

3.2 Verdauungsprobleme auf natürliche Weise behandeln

Verdauungsprobleme bei Kindern können von leichten Beschwerden bis hin zu länger anhaltenden Problemen reichen und eine natürliche Behandlung kann eine sanfte Linderung verschaffen. Pflanzliche Heilmittel bieten einen ganzheitlichen Ansatz zur Unterstützung der Verdauungsgesundheit bei Kindern, fördern eine ausgeglichene Verdauung und lindern häufige Bauchbeschwerden.

3.2.1 Sanfte Kräuter bei Bauchbeschwerden

Wenn es um die Behandlung von Verdauungsproblemen bei Kindern geht, zeichnen sich bestimmte Kräuter durch ihre sanften, aber wirksamen Eigenschaften zur Förderung der Verdauungsgesundheit aus.

*1. Pfefferminze (Mentha × Piperita): Pfefferminze ist für ihre Fähigkeit bekannt, Verdauungsbeschwerden zu lindern. Es enthält Menthol, das hilft, die Muskeln des Magen-Darm-Trakts zu entspannen und Symptome wie Blähungen und Blähungen zu lindern. Zur Linderung von Bauchbeschwerden können Kindern Pfefferminztee oder verdünntes Pfefferminzöl verabreicht werden.

*2. Kamille (Matricaria chamomilla): Die beruhigenden und entzündungshemmenden Eigenschaften der Kamille wirken sich auf das Verdauungssystem aus. Es kann helfen, Magenbeschwerden zu lindern, Blähungen zu reduzieren und Verdauungsstörungen zu lindern. Zur Unterstützung der Verdauung kann Kindern vor oder nach den Mahlzeiten ein milder Kamillentee gegeben werden.

*3. **Ingwer (Zingiber officinale):** Ingwer ist ein vielseitiges Kraut mit entzündungshemmenden und gegen Übelkeit wirkenden Eigenschaften. Es unterstützt die Verdauung, indem es die Bewegung der Nahrung durch den Verdauungstrakt fördert. Kindern, die unter Übelkeit, Verdauungsstörungen oder Reisekrankheit leiden, kann Ingwertee oder mit Ingwer angereichertes Wasser verabreicht werden.

*4. **Fenchel (Feniculum vulgare):** Fenchel ist für seine verdauungsfördernden Eigenschaften bekannt und hilft, Blähungen und Blähungen zu lindern. Fencheltee oder verdünntes Fenchelsamenöl können Kindern verabreicht werden, um Verdauungsbeschwerden zu lindern. Es hat einen angenehmen, milden Geschmack, der bei Kindern im Allgemeinen gut ankommt.

*5. **Dill (Anethum Graveolens):** Dill wird traditionell zur Linderung von Verdauungsproblemen wie Blähungen und Verdauungsstörungen eingesetzt. Dillwasser, zubereitet durch Aufgießen von Dillsamen in Wasser, ist ein sanftes Heilmittel, das Kindern zur Linderung der Verdauung verabreicht werden kann. Sein subtiler Geschmack macht ihn schmackhaft für junge Geschmacksknospen.

*6. **Minze (Mentha spp.):** Verschiedene Minzsorten, darunter grüne Minze und Pfefferminze, können die Verdauung unterstützen. Die aromatischen Eigenschaften der Minze regen die Produktion von Verdauungsenzymen an und erleichtern so den Verdauungsprozess. Zur Linderung von Verdauungsstörungen und Blähungen bei Kindern können Minztee oder verdünntes Minzöl verwendet werden.

*7. **Süßholzwurzel (Glycyrrhiza glabra):** Süßholzwurzel hat lindernde Eigenschaften und sorgt für eine beruhigende Wirkung auf den Verdauungstrakt. Es kann bei der Behandlung von Problemen wie saurem Reflux und Sodbrennen hilfreich sein. Süßholzwurzeltee kann bei mäßiger Anwendung Kindern verabreicht werden, um die Verdauung zu unterstützen.

*8. Chicorée (Cichorium intybus): Chicorée wird seit langem zur Unterstützung der Verdauung eingesetzt. Es kann dabei helfen, die Produktion von Verdauungssäften anzuregen und so die Zersetzung der Nahrung zu unterstützen. Chicorée-Tee mit seinem leicht bitteren Geschmack kann bei älteren Kindern nach und nach eingeführt werden, um eine gesunde Verdauung zu fördern.

Diese sanften Kräuter können in verschiedene Formen eingearbeitet werden, beispielsweise in Tees, Aufgüsse oder verdünnte ätherische Öle, wodurch sie an unterschiedliche Vorlieben und Altersgruppen angepasst werden können. Es ist wichtig, die individuelle Konstitution jedes Kindes zu berücksichtigen und Kräuter schrittweise einzuführen, um die Verträglichkeit sicherzustellen.

3.2.2 Rezepte für verdauungsfördernde Kräutermischungen

Bei der Herstellung von Kräutermischungen zur Unterstützung der Verdauung geht es darum, ergänzende Kräuter zu kombinieren, um spezifische Probleme zu lösen und das allgemeine Wohlbefinden der Verdauung zu fördern. Hier finden Sie Rezepte für Kräutermischungen, die für Kinder zubereitet werden können:

*1. Pfefferminz- und Kamillenteemischung:

- *Zutaten:* Pfefferminzblätter, Kamillenblüten
- **Anweisungen:** Mischen Sie getrocknete Pfefferminzblätter und Kamillenblüten zu gleichen Teilen. Einen Teelöffel der Mischung 5–7 Minuten in heißem Wasser einweichen. Vor der Weitergabe an Kinder abseihen und abkühlen lassen. Diese Mischung hilft, den Verdauungstrakt zu beruhigen und Blähungen zu lindern.

*2. Ingwer-Fenchel-Aufguss:

- *Zutaten:*Frische Ingwerscheiben, Fenchelsamen
- **Anweisungen:** Kombinieren Sie ein paar Scheiben frischen Ingwer mit einem Teelöffel Fenchelsamen. 10-15 Minuten in heißem Wasser ziehen lassen. Abseihen und als warmen Aufguss servieren, um Übelkeit zu lindern und die Verdauung zu fördern.

*3. Dillwasser zur Verdauungsentlastung:

- *Zutaten:* Dillsamen, Wasser

- **Anweisungen:** Kochen Sie einen Teelöffel Dillsamen in einer Tasse Wasser 10 Minuten lang. Abkühlen lassen und abseihen. Bieten Sie Kindern, die unter Blähungen oder Verdauungsstörungen leiden, kleine Schlucke an. Passen Sie die Stärke je nach Alter und Verträglichkeit an.

*4. Minziges Verdauungselixier:

- *Zutaten:* Pfefferminzblätter, Krauseminzblätter, Süßholzwurzel
- **Anweisungen:**Mischen Sie zu gleichen Teilen getrocknete Pfefferminzblätter, Krauseminzblätter und Süßholzwurzel. Einen Teelöffel der Mischung 5–7 Minuten in heißem Wasser einweichen. Abseihen und abkühlen lassen. Dieses Elixier kann Kindern verabreicht werden, um Verdauungsbeschwerden zu lindern und für einen milden, minzigen Geschmack zu sorgen.

*5. Sanfter Süßholzwurzeltee:

*Zutaten:*Süßholzwurzelscheiben, Wasser

Anweisungen: Einige Scheiben Süßholzwurzel in Wasser 15–20 Minuten köcheln lassen. Den Tee abseihen und abkühlen lassen. Bieten Sie älteren Kindern kleine Mengen an, um die Verdauung zu unterstützen und Symptome wie Sodbrennen zu lindern.

*6. Verdauungstonikum aus Chicorée und Löwenzahn:

- *Zutaten:* Zichorienwurzel, Löwenzahnwurzel
- **Anweisungen:** Kombinieren Sie gleiche Teile Zichorienwurzel und Löwenzahnwurzel. Einen Teelöffel der Mischung 10–15 Minuten in heißem Wasser einweichen. Abseihen und als Stärkungsmittel für ältere Kinder dienen, um die Verdauungssäfte anzuregen.

Es ist wichtig zu beachten, dass die Dosierung von Kräutermischungen altersgerecht sein sollte und dass die Einführung neuer Kräuter schrittweise erfolgen sollte, um die individuellen Reaktionen zu überwachen. Die Konsultation eines Arztes oder Kräuterkundlers kann eine individuelle Beratung basierend auf den spezifischen Verdauungsproblemen des Kindes bieten.

TEIL 4: NATÜRLICHE LÖSUNGEN FÜR CHRONISCHE STÖRUNGEN BEI KINDERN

4.1 Umgang mit Allergien mit pflanzlichen Ansätzen

Allergien können das Wohlbefinden eines Kindes erheblich beeinträchtigen und ihre natürliche Behandlung erfordert einen umfassenden Ansatz, der pflanzliche Heilmittel und Ernährungsstrategien umfasst. Pflanzliche Ansätze bieten eine sanfte und dennoch wirksame Möglichkeit, Allergiesymptome zu lindern, zugrunde liegende Ursachen zu bekämpfen und das Immunsystem zu unterstützen.

4.1.1 Kräuter gegen Atemwegsallergien

Atemwegsallergien wie Heuschnupfen oder allergische Rhinitis äußern sich häufig durch Symptome wie Niesen, verstopfte Augen und tränende Augen. Pflanzliche Heilmittel können Linderung verschaffen, indem sie Entzündungen bekämpfen, die Atemwege unterstützen und die Immunantwort modulieren.

*1. Brennnessel (Urtica dioica): Brennnessel ist ein vielseitiges Kraut, das für seine entzündungshemmenden und antihistaminischen Eigenschaften bekannt ist. Es kann helfen, allergische Reaktionen zu reduzieren, indem es die Freisetzung von Histaminen hemmt. Brennnesseltee oder Nahrungsergänzungsmittel können bei Kindern mit Atemwegsallergien hilfreich sein.

*2. Quercetinreiche Kräuter: Quercetin ist ein natürliches Antioxidans mit antiallergischen Eigenschaften. Quercetinreiche Kräuter wie Zwiebeln, Knoblauch und Zitrusfrüchte können in die Ernährung des Kindes integriert werden, um das Immunsystem zu unterstützen und Allergiesymptome zu lindern.

*3. Pestwurz (Petasites hybridus): Pestwurz wird traditionell zur Linderung von Allergiesymptomen eingesetzt, insbesondere im Zusammenhang mit den Atemwegen. Es kann helfen, eine verstopfte Nase zu reduzieren und die Atmung zu verbessern. Pestwurzpräparate sollten mit Vorsicht verwendet werden und es wird empfohlen, einen Arzt zu konsultieren.

*4. Augentrost (Euphrasia officinalis): Augentrost ist für seine beruhigende Wirkung auf die Augen bekannt und daher wertvoll bei allergischer Bindehautentzündung. Es kann als Augenspülmittel verwendet oder in pflanzliche Formulierungen eingearbeitet werden, um augenbedingte Allergiesymptome zu behandeln.

*5. Gingko Biloba: Gingko biloba hat entzündungshemmende Eigenschaften und kann dabei helfen, die Immunantwort zu modulieren. Obwohl es allgemein für seine kognitiven Vorteile bekannt ist, kann es auch bei der Behandlung allergischer Reaktionen in Betracht gezogen werden. Es wird empfohlen, einen Arzt aufzusuchen.

*6. Kurkuma (Curcuma longa): Kurkuma enthält Curcumin, eine Verbindung mit entzündungshemmenden und antioxidativen Eigenschaften. Die Aufnahme von Kurkuma in die Ernährung des Kindes, beispielsweise in Currys oder goldener Milch, kann dazu beitragen, Entzündungen im Zusammenhang mit Atemwegsallergien zu reduzieren.

*7. Zitronenmelisse (Melissa officinalis): Die beruhigenden Eigenschaften der Zitronenmelisse können bei der Behandlung stressbedingter allergischer Reaktionen hilfreich sein. Es kann als Tee getrunken oder in Kräutermischungen enthalten sein, um die allgemeinen Allergiesymptome zu lindern.

*8. Eukalyptus (Eucalyptus globulus): Eukalyptus hat abschwellende und entzündungshemmende Eigenschaften und ist daher nützlich bei Atemwegsallergien. Eukalyptusöl kann im Kinderzimmer verteilt oder mit Vorsicht und entsprechender Verdünnung zur Dampfinhalation hinzugefügt werden.

4.1.2 Einbeziehung antiallergischer Lebensmittel

Neben pflanzlichen Ansätzen spielen Ernährungsgewohnheiten eine entscheidende Rolle bei der Behandlung von Allergien, indem sie Entzündungen reduzieren und die allgemeine Immungesundheit unterstützen. Die Einbeziehung antiallergischer Lebensmittel in die Ernährung eines Kindes kann zu einer langfristigen Linderung chronischer allergischer Erkrankungen beitragen.

*1. **Omega-3-reiche Lebensmittel:**Omega-3-Fettsäuren haben entzündungshemmende Eigenschaften, die helfen können, allergische Reaktionen zu lindern. Nehmen Sie fetten Fisch wie Lachs, Leinsamen, Chiasamen und Walnüsse in die Ernährung Ihres Kindes auf, um eine gesunde Entzündungsreaktion zu unterstützen.

*2. **Lokaler Honig:** Obwohl dies eher anekdotisch ist, glauben einige, dass lokaler Honig, der Spuren lokaler Pollen enthält, dazu beitragen kann, das Immunsystem gegenüber Allergenen zu desensibilisieren. Unter Berücksichtigung des Alters des Kindes und möglicher mit Honig verbundener Risiken kann es in Betracht gezogen werden, kleine Mengen lokalen Honigs in die Ernährung eines Kindes aufzunehmen.

*3. **Quercetinreiche Lebensmittel:** Quercetinreiche Lebensmittel wie Äpfel, Beeren, Zwiebeln und Brokkoli können dazu beitragen, die Histaminausschüttung zu reduzieren und das Immunsystem zu unterstützen. Die Aufnahme verschiedener dieser Lebensmittel in die Mahlzeiten des Kindes kann antiallergische Vorteile haben.

*4. **Probiotikareiche Lebensmittel:** PRobiotika unterstützen die Darmgesundheit, die eng mit dem Immunsystem verbunden ist. Integrieren Sie probiotikareiche Lebensmittel wie Joghurt, Kefir, Sauerkraut und Kimchi in die Ernährung Ihres Kindes, um eine ausgewogene Immunantwort zu fördern.

5. Vitamin C-reiche Lebensmittel: Vitamin C ist für seine antioxidativen Eigenschaften und seine Rolle bei der Reduzierung von Entzündungen bekannt. Nehmen Sie Zitrusfrüchte, Erdbeeren, Kiwi und Paprika in die Ernährung Ihres Kindes auf, um die Gesundheit des Immunsystems zu unterstützen und Allergiesymptome zu lindern.

6. Quinoa und Buchweizen: Diese Körner sind von Natur aus glutenfrei und hypoallergen, was sie zu einer geeigneten Alternative für Kinder mit Allergien oder Überempfindlichkeiten gegen gewöhnliche Körner macht.

7. Blattgemüse: Dunkles Blattgemüse wie Spinat und Grünkohl ist reich an Vitaminen, Mineralien und Antioxidantien, die die allgemeine Immunfunktion unterstützen. Die Aufnahme dieser Grünpflanzen in die Ernährung des Kindes kann zum Allergiemanagement beitragen.

8. Kurkuma beim Kochen: Kurkuma mit seinem entzündungshemmenden Wirkstoff Curcumin kann zu verschiedenen Gerichten hinzugefügt werden. Integrieren Sie Kurkuma in Suppen, Eintöpfe oder Reisgerichte, um eine antiallergische Wirkung zu erzielen.

Es ist wichtig, die Ernährungsumstellung schrittweise vorzunehmen und die Reaktion des Kindes zu überwachen. Die Konsultation eines Kinderarztes oder Allergologen kann dabei helfen, einen ausgewogenen und sicheren Ansatz zur Behandlung von Allergien bei Kindern sicherzustellen. Darüber hinaus sollten bei der Einführung neuer Lebensmittel oder Kräuter individuelle Empfindlichkeiten und Allergien berücksichtigt werden.

4.2 Pflanzliche Unterstützung für Aufmerksamkeit und Konzentration

Die Förderung der Aufmerksamkeit und Konzentration bei Kindern erfordert einen ganzheitlichen Ansatz, der sowohl pflanzliche Heilmittel als auch nahrhafte Ernährungsoptionen umfasst. Bestimmte Kräuter sind für ihre beruhigende Wirkung bei Hyperaktivität bekannt, während bestimmte Lebensmittel zur kognitiven Gesundheit beitragen.

4.2.1 Beruhigende Kräuter bei Hyperaktivität

Beruhigende Kräuter können bei der Bekämpfung von Hyperaktivität und der Unterstützung eines ausgeglichenen Konzentrationszustands bei Kindern hilfreich sein. Diese Kräuter, die für ihre beruhigenden und entspannenden Eigenschaften bekannt sind, bieten eine natürliche Alternative zur Bewältigung von Aufmerksamkeitsproblemen.

*1. Zitronenmelisse (Melissa officinalis): Zitronenmelisse ist für ihre beruhigende Wirkung auf das Nervensystem bekannt. Es enthält Verbindungen, die die Entspannung fördern, ohne sedierend zu wirken. Bei Kindern können Zitronenmelissentee oder verdünnte Melissentinkturen verabreicht werden, um Unruhe und Hyperaktivität zu lindern.

*2. Kamille (Matricaria chamomilla): Kamille ist für ihre sanft beruhigenden Eigenschaften bekannt und eignet sich daher zur Beruhigung hyperaktiver Tendenzen. Kamillentee mit seinem milden und angenehmen Geschmack kann von Kindern abends getrunken werden, um die Entspannung und die Schlafqualität zu verbessern.

*3. Passionsblume (Passiflora incarnata): Passionsblume wird seit langem wegen ihrer beruhigenden Wirkung auf das Nervensystem eingesetzt. Es kann hilfreich sein, um Angstzustände und Unruhe bei Kindern zu reduzieren. Passionsblumentee oder Tinkturen können mit Vorsicht und unter professioneller Anleitung verabreicht werden.

*4. Baldrian (Valeriana officinalis): Baldrian ist für seine beruhigenden Eigenschaften bekannt und wird häufig zur Behandlung von Schlafproblemen eingesetzt. Obwohl sein starker Geruch für Kinder möglicherweise nicht ansprechend ist, kann Baldrian unter Anleitung eines medizinischen Fachpersonals in Kräutermischungen oder Kapseln eingearbeitet werden.

*5. Helmkraut (Scutellaria lateriflora): Helmkraut ist für seine nervenfördernden Eigenschaften bekannt und trägt zur Beruhigung des Nervensystems bei. Es kann für Kinder von Vorteil sein, die unter Hyperaktivität oder Konzentrationsschwierigkeiten leiden. Helmkraut-Tinkturen oder Tees können in Maßen eingeführt werden.

*6. Lavendel (Lavandula spp.): Lavendel wird nicht nur wegen seiner aromatischen Eigenschaften geschätzt, sondern auch wegen seiner beruhigenden Wirkung. Eine Aromatherapie mit ätherischem Lavendelöl oder die Einarbeitung von Küchenlavendel in Tees und Backwaren kann zu einer beruhigenden Atmosphäre beitragen.

*7. Katzenminze (Nepeta cataria): Katzenminze hat milde beruhigende Eigenschaften und kann helfen, nervöse Reizbarkeit zu lindern. Katzenminzentee kann, wenn er in angemessenen Mengen verabreicht wird, zur Linderung von Hyperaktivität bei Kindern beitragen.

*8. Heiliges Basilikum: Heiliges Basilikum oder Tulsi hat adaptogene Eigenschaften, die die Reaktion des Körpers auf Stress unterstützen. Es kann für Kinder von Vorteil sein, die aufgrund von Stress oder Angstzuständen unter Hyperaktivität leiden. Heiliger Basilikumtee oder Infused Water können nach und nach eingeführt werden.

Es ist wichtig, die Verwendung beruhigender Kräuter mit Vorsicht zu genießen und dabei das Alter des Kindes, die individuelle Konstitution und mögliche Wechselwirkungen mit Medikamenten zu berücksichtigen. Die Konsultation eines Kinderarztes oder Kräuterkundlers kann eine individuelle Beratung basierend auf den spezifischen Bedürfnissen des Kindes ermöglichen.

4.2.2 Nährende Lebensmittel für die kognitive Gesundheit

Nährende Lebensmittel spielen eine entscheidende Rolle bei der Unterstützung der kognitiven Gesundheit und der Aufrechterhaltung der Konzentration bei Kindern. Eine ausgewogene Ernährung, die reich an essentiellen Nährstoffen ist, trägt zu einer optimalen Gehirnfunktion bei und hilft, Aufmerksamkeitsprobleme zu bewältigen.

*1. Omega-3-Fettsäuren: Omega-3-Fettsäuren, insbesondere EPA und DHA, sind entscheidend für die Gesundheit des Gehirns und die kognitiven Funktionen. Fetter Fisch wie Lachs, Makrele und Sardinen sind ausgezeichnete Quellen für Omega-3-Fettsäuren. Für Optionen ohne Fisch können Leinsamen, Chiasamen und Walnüsse in die Ernährung aufgenommen werden.

*2. Blaubeeren: Blaubeeren sind reich an Antioxidantien, darunter Anthocyane, die mit kognitiven Vorteilen in Verbindung gebracht werden. Ihre Aufnahme in die Ernährung kann die allgemeine Gesundheit des Gehirns unterstützen und möglicherweise die kognitive Leistungsfähigkeit verbessern.

*3. Brokkoli und Blattgemüse: Brokkoli und Blattgemüse wie Spinat und Grünkohl liefern wichtige Nährstoffe wie Vitamin K, Folsäure und Antioxidantien. Diese Nährstoffe tragen zur allgemeinen Gesundheit des Gehirns bei und können die kognitiven Funktionen unterstützen.

*4. Vollkorn: Vollkornprodukte wie Hafer, Quinoa und brauner Reis sind ausgezeichnete Quellen für komplexe Kohlenhydrate. Diese Kohlenhydrate sorgen für eine gleichmäßige Energiefreisetzung und unterstützen die anhaltende Konzentration und Konzentration den ganzen Tag über.

*5. Eier: Eier sind reich an Cholin, einem Nährstoff, der eine Vorstufe von Acetylcholin ist, einem Neurotransmitter, der für das Gedächtnis und die kognitiven Funktionen wichtig ist. Die Aufnahme von Eiern in die Ernährung kann zu einer optimalen Gehirngesundheit beitragen.

*6. Nüsse und Samen: Nüsse und Samen wie Mandeln, Walnüsse und Sonnenblumenkerne stecken voller Nährstoffe wie Vitamin E und Omega-3-Fettsäuren. Diese Nährstoffe unterstützen die kognitive Funktion und die allgemeine Gesundheit des Gehirns.

*7. Buntes Gemüse: Gemüse mit leuchtenden Farben wie Paprika, Karotten und Süßkartoffeln enthalten Antioxidantien und essentielle Nährstoffe, die zur kognitiven Gesundheit beitragen. Die Einbeziehung verschiedener bunter Gemüsesorten in die Mahlzeiten sorgt für ein vielfältiges Nährstoffangebot.

*8. Schlanke Proteine: Magere Proteine wie Geflügel, mageres Rindfleisch, Tofu und Hülsenfrüchte liefern Aminosäuren, die für die Produktion von Neurotransmittern notwendig sind, die die Stimmung und die kognitiven Funktionen regulieren. Die

Aufnahme verschiedener magerer Proteine in die Ernährung unterstützt die allgemeine Gesundheit des Gehirns.

*9. Milchprodukte oder angereicherte pflanzliche Alternativen: Milchprodukte und angereicherte pflanzliche Alternativen sind ausgezeichnete Quellen für Kalzium und Vitamin D. Diese Nährstoffe sind für die Entwicklung und Aufrechterhaltung einer gesunden Gehirnfunktion unerlässlich.

*10. Wasser: Eine ausreichende Flüssigkeitszufuhr ist für eine optimale Gehirnfunktion von entscheidender Bedeutung. Dehydrierung kann sich negativ auf die kognitive Leistungsfähigkeit und Aufmerksamkeit auswirken. Wenn Kinder dazu ermutigt werden, den ganzen Tag über ausreichend Wasser zu trinken, wird das allgemeine Wohlbefinden gefördert.

Zusätzlich zu diesen nahrhaften Lebensmitteln ist es wichtig, den Verzehr von verarbeiteten Lebensmitteln mit hohem Anteil an künstlichen Zusatzstoffen und Zucker zu minimieren, da diese negative Auswirkungen auf die kognitiven Funktionen und das Verhalten haben können.

TEIL 5: GANZHEITLICHES WOHLBEFINDEN DURCH KÄUTERBÄDER UND ÖLE

5.1 Kräuterbadmischungen für Kinder herstellen

Kräuterbäder bieten ein wunderbares und therapeutisches Erlebnis für Kinder, fördern die Entspannung, nähren die Haut und unterstützen das ganzheitliche Wohlbefinden. Bei der Herstellung von Kräuterbadmischungen geht es darum, Kräuter und natürliche Zutaten sorgfältig zu kombinieren, um das Baderitual zu bereichern.

5.1.1 Entspannende Badesalze

Entspannende Badesalze können ein normales Bad für Kinder in ein beruhigendes und regenerierendes Erlebnis verwandeln. Die Kombination aus mineralreichem Bittersalz und sorgfältig ausgewählten Kräutern ergibt eine wohltuende Mischung, die nicht nur den Körper entspannt, sondern auch ein Gefühl der Ruhe fördert.

Zutaten für entspannende Badesalze:

- **Bittersalz:** Bittersalz, reich an Magnesium, ist für seine muskelentspannenden Eigenschaften bekannt. Sie tragen zur insgesamt beruhigenden Wirkung des Bades bei und können besonders bei Kindern, die unter Muskelverspannungen oder Unruhe leiden, wohltuend sein.

- **Lavendelknospen (Lavandula spp.):** Lavendel ist ein klassisches Entspannungskraut, das für seine beruhigenden und aromatischen Eigenschaften bekannt ist. Getrocknete Lavendelknospen verleihen dem Badesalz einen herrlichen Duft und schaffen eine ruhige Atmosphäre.

- **Kamillenblüten (Matricaria chamomilla):** Kamille ist für ihre beruhigende Wirkung bekannt. Die Einarbeitung getrockneter Kamillenblüten in das Badesalz verstärkt das Entspannungserlebnis und kann besonders bei Kindern mit empfindlicher Haut eine Wohltat sein.

- **Calendula-Blütenblätter (Calendula officinalis):** Calendula ist für ihre hautberuhigenden Eigenschaften bekannt. Die Einbeziehung getrockneter Ringelblumenblüten in das Badesalz trägt nicht nur zur optischen Attraktivität bei, sondern sorgt auch für ein sanftes Gefühl auf der Haut.

- **Zitronenmelissenblätter (Melissa officinalis):** Zitronenmelisse bietet ein mildes und belebendes Aroma und verleiht der Bademischung eine erfrischende Note. Aufgrund seiner sanften Eigenschaften ist es auch für Kinder geeignet und trägt zu einem abgerundeten Sinneserlebnis bei.

Anleitung für entspannende Badesalze:

- **Zutaten kombinieren:** Mischen Sie in einer Schüssel Bittersalz mit getrockneten Lavendelknospen, Kamillenblüten, Ringelblumenblättern und Zitronenmelissenblättern. Das Verhältnis kann je nach persönlichen Vorlieben angepasst werden.

- **Gründlich vermischen:** Achten Sie darauf, dass die Zutaten gleichmäßig verteilt sind und eine harmonische Mischung entsteht. Die aromatische Kombination aus Lavendel, Kamille und Zitronenmelisse verleiht dem Badewasser einen beruhigenden Duft.

- **In einem Glas aufbewahren:** Füllen Sie das entspannende Badesalz in ein verschlossenes Glas oder einen Behälter. Dadurch bleibt die Mischung nicht nur frisch, sondern ermöglicht auch eine einfache Anwendung während des Badens.

- **Zum Badewasser hinzufügen:** Geben Sie bei jedem Bad einen großzügigen Löffel des entspannenden Badesalzes in warmes, fließendes Wasser. Schwenken Sie das Wasser, um die Salze aufzulösen und die Kräuteressenz freizusetzen.

- **Genießen Sie die Entspannung:** Ermutigen Sie die Kinder, in das Bad einzutauchen, die beruhigenden Düfte einzuatmen und die beruhigenden Eigenschaften der Kräuter zu nutzen, um ein ruhiges und angenehmes Erlebnis zu schaffen.

5.1.2 Hautnährende Kräuterbadebomben

Kräuterbadebomben bieten eine spielerische und pflegende Ergänzung zum Badevergnügen von Kindern. Diese kohlensäurehaltigen Köstlichkeiten machen nicht nur Spaß, sondern enthalten auch hautliebende Kräuter und Öle für ein ganzheitliches Wohlfühlerlebnis.

Zutaten für hautpflegende Kräuterbadebomben:

- **Backpulver:** Als Basis für die Badebombe dient Backpulver, das eine sanfte und alkalisierende Wirkung auf die Haut hat.

- **Zitronensäure:** Zitronensäure sorgt in Kombination mit Backpulver für die Sprudelwirkung in Badebomben. Es verleiht dem Badeerlebnis ein aufregendes Element.

- **Maisstärke:** Maisstärke trägt zur Struktur der Badebombe bei und sorgt für eine glatte Textur.

- **Kokosnussöl:** Kokosöl ist ein nährender Inhaltsstoff, der die Haut mit Feuchtigkeit versorgt. Seine Einbeziehung in Badebomben verleiht dem Badewasser ein seidiges Gefühl.

- **Kräutertees (z. B. Kamille, Ringelblume):** Bereiten Sie Kräutertees aus getrockneten Kamillen- oder Ringelblumenblüten zu. Das angereicherte Öl zur Verwendung in der Badebombenmischung abseihen.

- **Ätherische Öle (z. B. Lavendel, Süßorange):** Wählen Sie ätherische Öle mit beruhigenden oder erhebenden Eigenschaften, um das aromatische Erlebnis zu verstärken. Lavendel und süße Orange sind beliebte Optionen.

Anleitung für hautpflegende Kräuterbadebomben:

- **Trockene Zutaten vermischen:** In einer Rührschüssel Backpulver, Zitronensäure und Maisstärke vermischen. Sorgen Sie für eine gleichmäßige Verteilung der trockenen Zutaten.

- **Nasse Zutaten hinzufügen:** Geben Sie geschmolzenes Kokosöl in die trockene Mischung. Nach und nach vermischen, bis eine krümelige Masse entsteht. Für den Duft Kräuteröl und ein paar Tropfen ätherisches Öl hinzufügen.

- **Badebombenformen formen:** Formen Sie die Mischung mit Formen oder Händen zu Badebomben. Drücken Sie die Mischung fest an, um kompakte und stabile Badebomben zu erhalten. Lassen Sie sie mehrere Stunden oder über Nacht trocknen.

- **An einem trockenen Ort aufbewahren:** Sobald die Badebomben vollständig getrocknet sind, bewahren Sie sie bis zur Verwendung in einem trockenen und luftdichten Behälter auf.

- **Ins Badewasser fallen lassen:** Zur Verwendung einfach eine Badebombe in warmes Badewasser fallen lassen. Während es sprudelt, setzt es das mit Kräutern angereicherte Öl, Kokosnussöl und aromatische ätherische Öle frei und sorgt so für ein nährendes und angenehmes Badeerlebnis.

Ermutigen Sie Kinder, die sprudelnde Badebombe zu beobachten und die aromatische Atmosphäre zu genießen, die sie erzeugt. Das mit Kräutern angereicherte Öl und Kokosnussöl hinterlassen ein mit Feuchtigkeit versorgtes und verwöhntes Hautgefühl.

5.2 Kräuteröle für Massage und Hautpflege

Kräuteröle spielen eine wichtige Rolle bei der Verbesserung des Wohlbefindens von Kindern, indem sie die Haut mit Nährstoffen versorgen und während Massagesitzungen therapeutische Vorteile bieten.

5.2.1 Beruhigende Öle bei Hauterkrankungen

Bei Kindern kann es zu verschiedenen Hauterkrankungen kommen, von Trockenheit und Reizungen bis hin zu kleineren Schnitten und Kratzern. Mit sorgfältig ausgewählten Kräutern angereicherte Kräuteröle bieten beruhigende und heilende Eigenschaften und unterstützen die Gesundheit der Haut.

*1. **Mit Calendula angereichertes Öl (Calendula officinalis):** Calendula ist für ihre hautberuhigenden und heilenden Eigenschaften bekannt. Durch das Aufgießen von Ringelblumenblüten mit einem Trägeröl wie Jojoba- oder Süßmandelöl entsteht eine sanfte und wirksame Lösung zur Behandlung kleinerer Schnittwunden, Kratzer und trockener Haut. Die entzündungshemmende Wirkung der Ringelblume macht sie auch für empfindliche Haut geeignet.

*2. **Mit Kamille angereichertes Öl (Matricaria chamomilla):** Kamille ist für ihre beruhigende und entzündungshemmende Wirkung bekannt. Durch das Aufgießen von Kamillenblüten mit Öl entsteht ein Öl, das zur Beruhigung gereizter Haut, zur Linderung kleinerer Hautausschläge und zur Verbesserung des allgemeinen Hautkomforts verwendet werden kann. Es ist besonders wohltuend für Kinder mit empfindlicher oder reaktiver Haut.

*3. **Mit Lavendel angereichertes Öl (Lavandula spp.):** Die Vielseitigkeit von Lavendel erstreckt sich auch auf seine hautfreundlichen Eigenschaften. Mit Lavendel angereichertes Öl lindert Hautirritationen, lindert Insektenstiche und fördert eine beruhigende Wirkung auf die Haut. Es kann äußerlich angewendet werden, um die natürlichen Heilungsprozesse der Haut zu unterstützen.

*4. Kokosöl (Cocos nucifera): Kokosöl ist eine nährende und feuchtigkeitsspendende Option für die Haut. Aufgrund seiner natürlichen antimikrobiellen Eigenschaften eignet es sich für leichte Hautirritationen und Trockenheit. Kokosnussöl kann als eigenständige Feuchtigkeitscreme oder als Basis für mit Kräutern angereicherte Öle verwendet werden.

*5. Jojobaöl (Simmondsia chinensis): Jojobaöl ähnelt stark dem natürlichen Talg der Haut und ist daher eine ausgezeichnete Wahl für die Befeuchtung, ohne die Poren zu verstopfen. Es wird von den meisten Hauttypen gut vertragen und kann zur Behandlung trockener Haut oder als Trägeröl für Kräutertees verwendet werden.

*6. Mit Arnika angereichertes Öl (Arnica montana): Arnika ist für ihre entzündungshemmenden Eigenschaften bekannt und wird häufig zur Behandlung von Blutergüssen und Schwellungen eingesetzt. Durch das Aufgießen von Arnikablüten mit Öl entsteht eine topische Lösung, die sanft in die Haut einmassiert werden kann, um die Genesung nach kleineren Verletzungen zu unterstützen.

*7. Mit Wegerich angereichertes Öl (Plantago Major): Wegerich ist für seine hautberuhigende und wundheilende Wirkung bekannt. Durch das Aufgießen von Wegerichblättern mit Öl entsteht ein Öl, das zur Linderung von Juckreiz, Reizungen und leichten Hautabschürfungen angewendet werden kann. Es ist eine sanfte Option für die Hautpflege von Kindern.

*8. Gurkenkernöl (Cucumis sativus): Gurkenkernöl ist leicht und feuchtigkeitsspendend und eignet sich daher zur Beruhigung und Befeuchtung der Haut.

Reich an Antioxidantien trägt es zur Widerstandskraft der Haut bei und kann in Mischungen für Kinder mit empfindlicher Haut eingearbeitet werden.

<u>Anwendung beruhigender Öle:</u>

Um beruhigende Öle bei Hautproblemen aufzutragen, kann eine kleine Menge des ausgewählten Öls oder der Ölmischung sanft auf die betroffene Stelle einmassiert werden. Dies kann nach dem Baden oder nach Bedarf über den Tag verteilt erfolgen. Es ist wichtig, vor der großflächigen Anwendung einen Patch-Test durchzuführen, um sicherzustellen, dass das Kind keine Nebenwirkungen auf die Öle hat.

5.2.2 Entspannende Massagemischungen

Massage bietet Kindern nicht nur körperliche, sondern auch emotionale Vorteile. Die Einbeziehung von Kräuterölen in Massagemischungen steigert das Erlebnis, sorgt für Entspannung und unterstützt das allgemeine Wohlbefinden.

*1. Entspannungsmischung aus Lavendel und Kamille:

- *Zutaten:* Mit Lavendel angereichertes Öl, mit Kamille angereichertes Öl, Jojobaöl (oder Kokosnussöl)
- **Anweisungen:** Kombinieren Sie zu gleichen Teilen Lavendelöl und Kamillenöl. Als Trägeröl Jojobaöl hinzufügen. Diese Mischung ist ideal für eine beruhigende und wohltuende Massage vor dem Schlafengehen. Der sanfte Duft von Lavendel und Kamille trägt zu einer entspannten Atmosphäre bei.

*2. Feuchtigkeitsspendende Mischung aus Ringelblume und Gurkensamen:

- *Zutaten:* Mit Calendula angereichertes Öl, Gurkensamenöl

- **Anweisungen:** Mischen Sie mit Ringelblume angereichertes Öl mit Gurkensamenöl, um eine feuchtigkeitsspendende Massagemischung zu erhalten. Diese Kombination eignet sich zur Förderung der Hautfeuchtigkeit und zur Unterstützung der allgemeinen Hautgesundheit. Es kann während Massagesitzungen oder als Feuchtigkeitscreme nach dem Bad verwendet werden.

*3. Erholungsmischung aus Arnika und Kochbananen:

- **Zutaten:** Mit Arnika angereichertes Öl, mit Kochbananen angereichertes Öl, Kokosnussöl
- *Anweisungen:* Mischen Sie mit Arnika angereichertes Öl und mit Kochbananen angereichertes Öl mit Kokosnussöl, um eine erholsame Massagemischung zu erhalten. Diese Mischung eignet sich zur Behandlung kleinerer Verletzungen, Prellungen und Hautbeschwerden. Es kann während der Massage sanft aufgetragen werden, um die natürlichen Heilungsprozesse der Haut zu unterstützen.

*4. Beruhigende Mischung aus Lavendel und Kokosöl:

- *Zutaten:* Mit Lavendel angereichertes Öl, Kokosnussöl
- **Anweisungen:** Kombinieren Sie mit Lavendel angereichertes Öl mit Kokosnussöl für eine einfache und wohltuende Massagemischung. Diese Mischung ist vielseitig einsetzbar und kann für eine beruhigende Massage oder als allgemeine Feuchtigkeitscreme verwendet werden. Die entspannenden Eigenschaften von Lavendel tragen zu einem ruhigen Erlebnis bei.

*5. Leichte Massagemischung aus Jojoba und Gurkensamen:

- *Zutaten:* Jojobaöl, Gurkenkernöl

- **Anweisungen:** Mischen Sie Jojobaöl mit Gurkenkernöl, um eine leichte und pflegende Massagemischung zu erhalten. Diese Mischung eignet sich gut für Kinder mit empfindlicher Haut und spendet Feuchtigkeit, ohne ein schweres Gefühl zu hinterlassen. Es kann für eine sanfte Massage oder als tägliche Feuchtigkeitscreme verwendet werden.

*6. Maßgeschneiderte ätherische Ölmassagemischung:

- *Zutaten:* Jojobaöl (oder bevorzugtes Trägeröl), ätherische Öle (wie Lavendel, Kamille oder Mandarine)
- **Anweisungen:** Erstellen Sie eine individuelle Massagemischung, indem Sie ein paar Tropfen ausgewählter ätherischer Öle zu einem Trägeröl wie Jojoba hinzufügen. Dies ermöglicht eine Personalisierung basierend auf individuellen Vorlieben und den gewünschten therapeutischen Effekten. Ätherische Öle sollten in den für Kinder geeigneten Verdünnungen verwendet werden.

Anwendung von Massagemischungen:

Massagemischungen können während der Massagesitzungen aufgetragen werden, vorzugsweise nach einem warmen Bad, wenn die Haut aufnahmefähiger ist. Geben Sie eine kleine Menge der gewählten Mischung in die Hände, erwärmen Sie sie zwischen den Handflächen und massieren Sie sie mit langsamen und rhythmischen Bewegungen sanft auf die Haut des Kindes. Die Massage kann sich auf Bereiche wie Rücken, Arme und Beine konzentrieren und so ein Bindungserlebnis schaffen und gleichzeitig die Entspannung fördern.

Vorsichtsmaßnahmen für Kräuteröle und Massagemischungen:

- **Patch-Test:** Führen Sie vor der großflächigen Anwendung einen Patch-Test durch, indem Sie eine kleine Menge des gewählten Öls oder der gewählten Mischung auf einen kleinen Bereich der Haut des Kindes auftragen. Achten Sie auf Nebenwirkungen wie Rötungen oder Reizungen.

- **Altersgerechtigkeit:** Berücksichtigen Sie bei der Auswahl und Anwendung von Kräuterölen das Alter und die Hautempfindlichkeit des Kindes. Einige ätherische Öle sind möglicherweise nicht für jüngere Kinder geeignet und die Verdünnung ist für ihre Sicherheit von entscheidender Bedeutung.

- **Vermeiden Sie sensible Bereiche:** Vermeiden Sie es, Öle auf empfindliche Bereiche wie Gesicht, Augen oder Schleimhäute aufzutragen. Konzentrieren Sie sich auf Bereiche mit dickerer Haut und seien Sie bei bestehenden Hauterkrankungen vorsichtig.

- **Rücksprache mit Gesundheitsdienstleistern:** Wenn das Kind unter bestimmten Hauterkrankungen oder Allergien leidet, konsultieren Sie einen Arzt oder Dermatologen, bevor Sie neue Öle oder Mischungen einführen.

- **Sanfte Techniken:** Nutzen Sie sanfte, kindgerechte Massagetechniken. Vermeiden Sie insbesondere bei jüngeren Kindern übermäßigen Druck und achten Sie auf das Wohlbefinden des Kindes bei der Massage.

TEIL 6: PFLANZLICHE HILFE FÜR SCHLAF UND ENTSPANNUNG

6.1 Kräutertees und Aufgüsse vor dem Schlafengehen

Auf der Suche nach erholsamen Nächten und ruhigem Schlaf für Kinder erweisen sich Kräutertees und Kräutertees als beruhigende Verbündete. Ein Zubettgehritual mit schlaffördernden Kräutern schafft eine beruhigende Routine, die dem Körper signalisiert, dass es Zeit ist, sich zu entspannen und sich auf einen erholsamen Schlaf vorzubereiten.

6.1.1 Schlaffördernde Kräuter

Mehrere Kräuter sind für ihre schlaffördernden Eigenschaften bekannt und bieten einen natürlichen und sanften Ansatz zur Förderung der Entspannung und zur Vorbereitung von Geist und Körper auf den Schlaf.

*1. Kamille (Matricaria chamomilla): Kamille ist ein altehrwürdiges Kraut, das für seine milde beruhigende Wirkung bekannt ist. Das Vorhandensein von Apigenin, einem Antioxidans, das an bestimmte Rezeptoren im Gehirn bindet, trägt zu seinen beruhigenden Eigenschaften bei. Kamillentee ist eine beliebte Wahl vor dem Schlafengehen und bietet einen sanften und beruhigenden Geschmack, der für Kinder beruhigend ist.

*2. Lavendel (Lavandula spp.): BNeben seiner aromatischen Anziehungskraft hat Lavendel auch beruhigende und beruhigende Eigenschaften. Lavendeltee oder -aufgüsse können als Teil des Schlafenszeitrituals eingeführt werden und so ein Sinneserlebnis schaffen, das hilft, Stress abzubauen und die Entspannung zu fördern.

*3. Baldrian (Valeriana officinalis): Baldrianwurzel wird seit langem als Schlafmittel eingesetzt. Seine Verbindungen, insbesondere Valerensäure, interagieren mit Neurotransmittern, um ein Gefühl der Ruhe hervorzurufen. Obwohl Baldriantee ein scharfes Aroma hat, kann er mit anderen Kräutern für eine schmackhaftere Mischung vor dem Schlafengehen kombiniert werden.

*4. Zitronenmelisse (Melissa officinalis): Zitronenmelisse bietet sanfte beruhigende Eigenschaften und eignet sich daher zur Entspannung, ohne Schläfrigkeit zu verursachen. Zitronenmelissentee wird oft in Mischungen für die Nachtruhe verwendet, um zu einem erholsamen Schlaf beizutragen.

*5. Passionsblume (Passiflora incarnata): Passionsblume ist für ihre beruhigende Wirkung auf das Nervensystem bekannt. Es enthält Verbindungen, die den Spiegel von Gamma-Aminobuttersäure (GABA) erhöhen können, einem Neurotransmitter, der die Entspannung fördert. Passionsblumentee oder -aufgüsse können aufgrund seiner beruhigenden Wirkung in Rituale vor dem Schlafengehen einbezogen werden.

*6. Pfefferminze (Mentha × Piperita): Pfefferminze ist für ihre verdauungsfördernden Eigenschaften bekannt, spielt aber auch eine entspannende Rolle. Pfefferminztee kann, wenn er koffeinfrei ist, eine erfrischende Ergänzung zur Schlafenszeit sein und eine ruhige Atmosphäre fördern.

*7. Katzenminze (Nepeta cataria): Während Katzenminze häufig mit ihrer Wirkung auf Katzenfreunde in Verbindung gebracht wird, hat sie für den Menschen milde beruhigende Eigenschaften. Katzenminzentee kann, wenn er entsprechend verdünnt wird, aufgrund seiner entspannenden Eigenschaften in Mischungen für die Schlafenszeit enthalten sein.

*8. Hibiskus (Hibiscus sabdariffa): Hibiskustee hat nicht nur eine leuchtende Farbe, sondern hat auch eine milde beruhigende Wirkung. Aufgrund seiner beruhigenden Eigenschaften ist es eine geeignete Ergänzung zu Kräutertees vor dem Schlafengehen.

Zubereitung eines Kräutertees vor dem Schlafengehen:

Bei der Herstellung eines Kräutertees für den Schlafengehen werden sorgfältig ausgewählte Kräuter zu einer Mischung kombiniert, die sowohl die Sinne als auch das Bedürfnis nach Entspannung anspricht.

Beispiel einer Kräuterteemischung für die Schlafenszeit:

- *Zutaten:* Kamillenblüten, Lavendelknospen, Zitronenmelissenblätter und ein Hauch Pfefferminze (optional).

- **Anweisungen:** Kombinieren Sie in einem Tee-Ei oder einer Teekanne die gewünschten Anteile an Kamillenblüten, Lavendelknospen, Zitronenmelissenblättern und ggf. Pfefferminze. Lassen Sie die Mischung 5–7 Minuten lang in heißem Wasser ziehen und passen Sie die Ziehzeit je nach Geschmack an. Die Kräuter abseihen und den beruhigenden Tee vor dem Schlafengehen servieren.

6.1.2 Erstellen eines entspannenden Schlafenszeitrituals

Über die Kräuter selbst hinaus spielt das Ritual rund um den Schlafengehenstee eine entscheidende Rolle, um dem Körper zu signalisieren, dass es Zeit zum Entspannen ist. Die Etablierung einer beruhigenden Schlafenszeitroutine trägt zu einem Gefühl von Sicherheit und Komfort bei und fördert einen reibungsloseren Übergang in den Schlaf.

*1. Legen Sie eine einheitliche Schlafenszeit fest: Konsistenz ist der Schlüssel zum Aufbau einer Schlafenszeitroutine. Legen Sie eine regelmäßige Schlafenszeit fest, die je nach Alter und Bedürfnissen des Kindes ausreichend Schlaf ermöglicht.

*2. Schaffen Sie eine gemütliche Atmosphäre:Dimmen Sie abends das Licht, um zu signalisieren, dass die Schlafenszeit naht. Schaffen Sie eine gemütliche und komfortable

Schlafumgebung mit weicher Bettwäsche und vertrauten Gegenständen, die für Komfort sorgen.

*3. Bildschirmzeit begrenzen: Reduzieren Sie die Belastung durch Bildschirme wie Telefone, Tablets oder Fernseher mindestens eine Stunde vor dem Schlafengehen. Das von Bildschirmen ausgestrahlte blaue Licht kann die natürliche Produktion von Melatonin im Körper beeinträchtigen, einem Hormon, das den Schlaf-Wach-Rhythmus reguliert.

*4. Ermutigen Sie ruhige Aktivitäten: Machen Sie vor dem Schlafengehen beruhigende und ruhige Aktivitäten, wie zum Beispiel das Lesen einer Gute-Nacht-Geschichte, das Üben sanfter Dehnübungen oder das Hören leiser Musik. Diese Aktivitäten können dazu beitragen, den Fokus von der Stimulation am Tag auf die Entspannung zu verlagern.

*5. Bereiten Sie einen Gute-Nacht-Tee zu: Beziehen Sie das Kind in die Zubereitung des Gute-Nacht-Tees ein. Dies bietet nicht nur ein sinnliches Erlebnis, sondern ermöglicht dem Kind auch, an seiner Schlafenszeitroutine teilzunehmen. Für einen zeremonielleren Ansatz verwenden Sie eine Teekanne oder ein Teesieb.

*6. Nippen und nachdenken: Ermutigen Sie das Kind, langsam an dem Kräutertee zu nippen und dabei über den Tag nachzudenken. Dieser Moment der Achtsamkeit ermöglicht einen sanften Übergang von der Aktivität zur Ruhe.

*7. Lavendel einarbeiten:

- **Lavendelsäckchen:** Legen Sie ein Lavendelsäckchen neben das Bett oder unter das Kissen, um die Schlafumgebung mit seinem beruhigenden Duft zu erfüllen.

- **Lavendel-Kissenspray:** Stellen Sie ein Lavendel-Kissenspray her, indem Sie ein paar Tropfen ätherisches Lavendelöl in Wasser verdünnen und es leicht auf das Kissen sprühen. Dies sorgt für eine zusätzliche Entspannungsebene.

*8. Üben Sie Entspannungstechniken: Bringen Sie dem Kind einfache Entspannungstechniken wie tiefes Atmen oder progressive Muskelentspannung bei, um Spannungen abzubauen und sich auf den Schlaf vorzubereiten.

*9. Verwenden Sie sanftes Licht: Entscheiden Sie sich für eine sanfte, warme Beleuchtung am Abend. Erwägen Sie die Verwendung eines Nachtlichts oder einer kleinen Lampe mit einer Glühbirne mit geringer Wattzahl, um ein sanftes und beruhigendes Licht zu erzeugen.

*10. Dankbarkeit ausdrücken: Beenden Sie das Ritual vor dem Schlafengehen mit einem Moment der Dankbarkeit. Ermutigen Sie das Kind, eine Sache auszudrücken, für die es an diesem Tag dankbar ist, und fördern Sie positive Gedanken vor dem Schlafengehen.

Durch die Einbeziehung schlaffördernder Kräuter in eine beruhigende Schlafenszeitroutine können Betreuer eine ruhige Umgebung schaffen, die den Kindern einen erholsamen Schlaf ermöglicht. Der rituelle Charakter dieser Praktiken signalisiert dem Körper, dass es Zeit zum Entspannen ist, und fördert ein Gefühl von Sicherheit und Komfort, das zu einem ruhigen Schlaf beiträgt. Wie bei jeder Wellness-Praxis sollten individuelle Vorlieben und Empfindlichkeiten berücksichtigt und Anpassungen vorgenommen werden, um die Schlafenszeitroutine an die individuellen Bedürfnisse des Kindes anzupassen. Ziel ist es, ein positives und angenehmes Schlafenszeiterlebnis zu schaffen, das die Voraussetzungen für einen erholsamen Schlaf schafft.

6.2 Aromatherapie für den Schlaf von Kindern

6.2.1 Ätherische Öle und Diffusormischungen

Aromatherapie, die Kunst, ätherische Öle zu therapeutischen Zwecken zu verwenden, erweist sich als sanfter und angenehmer Ansatz zur Verbesserung der Schlafqualität von Kindern. Ätherische Öle, die aus verschiedenen Pflanzen gewonnen werden, enthalten aromatische Verbindungen, die die Stimmung, Entspannung und das allgemeine Wohlbefinden beeinflussen können. Die Herstellung von Diffusormischungen ermöglicht die subtile Einbringung dieser Düfte in die Schlafumgebung und schafft so eine beruhigende Atmosphäre, die einen erholsamen Schlaf fördert.

*1. Lavendel (Lavandula spp.): Ätherisches Lavendelöl ist ein Grundstein für die Förderung der Entspannung und die Verbesserung der Schlafqualität. Seine beruhigenden Eigenschaften machen es zur idealen Wahl für die Aromatherapie vor dem Schlafengehen. Ein paar Tropfen Lavendelöl in einem Diffusor erzeugen eine sanfte und wohltuende Atmosphäre, die dem Körper signalisiert, sich zu entspannen.

*2. Römische Kamille (Chamaemelum nobile): Das ätherische Öl der römischen Kamille hat eine beruhigende und beruhigende Wirkung und eignet sich daher zur Beruhigung des Geistes und zur Unterstützung eines ruhigen Schlafs. Beim Zerstäuben verleiht es ein mildes und beruhigendes Aroma, das die Rituale vor dem Zubettgehen ergänzt.

*3. Süßorange (Citrus sinensis): Ätherisches Süßorangenöl verleiht der Schlafumgebung einen Hauch zitrischer Frische. Seine aufmunternden und stimmungsaufhellenden Eigenschaften können eine positive Atmosphäre vor dem

Schlafengehen fördern. Durch die Kombination von süßer Orange mit beruhigenden Ölen wie Lavendel entsteht eine ausgewogene Mischung.

*4. Zedernholz (Cedrus atlantica): Ätherisches Zedernholzöl ist für seine erdenden und beruhigenden Eigenschaften bekannt. Beim Zerstäuben verleiht es ein holziges und erdiges Aroma, das dem Schlafraum ein Gefühl von Sicherheit und Stabilität verleiht. Zedernholz kann besonders für Kinder von Nutzen sein, die sich möglicherweise unruhig oder ängstlich fühlen.

*5. Bergamotte (Citrus bergamia): Das ätherische Öl der Bergamotte hat einen herrlichen Zitrusduft mit subtilen blumigen Untertönen. Seine beruhigende und stimmungsausgleichende Wirkung macht es zu einer wertvollen Ergänzung für Aromatherapiemischungen vor dem Schlafengehen. Es ist jedoch wichtig, Bergamottenöl zu wählen, das frei von Bergamotte ist, um Lichtempfindlichkeit zu vermeiden.

*6. Weihrauch (Boswellia carterii): Ätherisches Weihrauchöl wird für seine erdenden und spirituell erhebenden Eigenschaften geschätzt. Das Verteilen von Weihrauch vor dem Schlafengehen kann eine ruhige Atmosphäre schaffen und ein Gefühl von Frieden und Ruhe fördern.

*7. Ylang Ylang (Cananga odorata): Ätherisches Ylang-Ylang-Öl trägt mit seinem süßen und blumigen Duft zur Entspannung und zum emotionalen Gleichgewicht bei. Die Einbeziehung von Ylang-Ylang in Diffusormischungen verleiht dem Gesamtaroma einen Hauch von Süße und schafft eine beruhigende und angenehme Atmosphäre.

*8. Patchouli (Pogostemon cablin): Ätherisches Patchouliöl bietet einen reichen, erdigen Duft mit erdenden Eigenschaften. Das Zerstäuben von Patschuli kann hilfreich sein, um eine beruhigende Atmosphäre zu schaffen, insbesondere für Kinder, die vor dem Schlafengehen von einem Gefühl der Verwurzelung profitieren können.

Herstellung einer Diffusormischung für die Schlafenszeit:

Bei der Herstellung einer Diffusormischung werden ätherische Öle in geeigneten Verhältnissen kombiniert, um ein ausgewogenes und harmonisches Aroma zu erzielen.

Beispiel einer Diffusormischung für die Schlafenszeit:

- *Zutaten:* Ätherische Öle aus Lavendel, römischer Kamille und Zedernholz.

- **Anweisungen:** Kombinieren Sie in einer dunklen Glasflasche 3 Tropfen Lavendel, 2 Tropfen römische Kamille und 2 Tropfen ätherisches Zedernholzöl. Schwenken Sie die Flasche vorsichtig, um die Öle zu vermischen. Geben Sie vor dem Zubettgehen ein paar Tropfen der Mischung in einen Diffusor, um den Raum mit einem beruhigenden und beruhigenden Duft zu erfüllen.

6.2.2 Sichere Praktiken für die Aromatherapie

Während Aromatherapie eine wunderbare Ergänzung zum Schlafrhythmus eines Kindes sein kann, ist es wichtig, sich an sichere Praktiken zu halten, um ein positives und risikofreies Erlebnis zu gewährleisten.

*1. Altersgerechte Öle:** Berücksichtigen Sie bei der Auswahl ätherischer Öle das Alter des Kindes. Bestimmte Öle sind möglicherweise nicht für jüngere Kinder, insbesondere Kleinkinder, geeignet. Es ist ratsam, einen qualifizierten Aromatherapeuten oder eine medizinische Fachkraft zu konsultieren, um Ratschläge zu altersgerechten Ölen zu erhalten.

*2. Verdünnung: Ätherische Öle sind hochkonzentriert und die richtige Verdünnung ist besonders für Kinder unerlässlich. Verwenden Sie beim Zerstäuben von Ölen eine kleine Anzahl Tropfen im Diffusor, normalerweise 3–5 Tropfen pro Anwendung. Für die topische Anwendung verdünnen Sie ätherische Öle in einem Trägeröl, bevor Sie sie auf die Haut auftragen.

*3. Testempfindlichkeit: Führen Sie vor einer breiten Anwendung einen Patch-Test durch, um die Empfindlichkeit zu prüfen. Tragen Sie einen verdünnten Tropfen des ausgewählten Öls auf eine kleine Hautstelle des Kindes auf und beobachten Sie, ob unerwünschte Reaktionen wie Rötungen oder Reizungen auftreten.

*4. Dauer der Verbreitung: Begrenzen Sie die Dauer des Verteilens ätherischer Öle in der Schlafumgebung des Kindes. Als allgemeiner Richtwert gilt 30 Minuten bis eine Stunde vor dem Schlafengehen. Kontinuierliche und längere Diffusion kann zu olfaktorischer Ermüdung oder Sensibilisierung führen.

*5. Belüftung: Sorgen Sie für eine ausreichende Belüftung des Schlafraums. Lassen Sie regelmäßig frische Luft zirkulieren, insbesondere wenn Sie ätherische Öle verteilen. Eine ausreichende Belüftung trägt dazu bei, eine ausgeglichene und angenehme Atmosphäre aufrechtzuerhalten.

*6. Vermeiden Sie Vorsichtsmaßnahmen und Kontraindikationen: Für einige ätherische Öle können je nach individuellem Gesundheitszustand Vorsichtsmaßnahmen oder Kontraindikationen gelten. Beachten Sie alle besonderen Aspekte im Zusammenhang mit der Gesundheit des Kindes und vermeiden Sie Öle, die ein Risiko darstellen können.

*7. Aufsicht: Beaufsichtigen Sie die Verwendung ätherischer Öle bei Kindern stets. Stellen Sie sicher, dass Diffusoren außerhalb der Reichweite platziert werden, und informieren Sie ältere Kinder über die richtige Verwendung. Wenn Sie Öle äußerlich auftragen, tun Sie dies unter Aufsicht eines Erwachsenen.

*8. Betreuer schulen: Wenn Kinder von anderen Personen betreut werden, beispielsweise von Babysittern oder Familienmitgliedern, geben Sie klare Anweisungen zur Verwendung ätherischer Öle. Teilen Sie alle spezifischen Vorlieben oder Vorsichtsmaßnahmen im Zusammenhang mit Aromatherapiepraktiken mit.

*9. Beratung mit Fachleuten: Wenn Bedenken hinsichtlich des Schlafverhaltens eines Kindes bestehen oder das Kind gesundheitliche Probleme hat, wenden Sie sich an medizinisches Fachpersonal oder Aromatherapeuten. Sie können eine individuelle Beratung anbieten, die auf die individuellen Bedürfnisse des Kindes zugeschnitten ist.

*10. Wählen Sie hochwertige Öle: Wählen Sie hochwertige, reine ätherische Öle aus seriösen Quellen. Suchen Sie nach Ölen, die auf Reinheit und Authentizität geprüft wurden. Verfälschte oder synthetische Öle bieten möglicherweise nicht die therapeutischen Vorteile reiner Öle.

Wenn Aromatherapie sicher praktiziert wird, kann sie ein wertvolles Mittel sein, um die Entspannung zu fördern und den Schlaf von Kindern zu unterstützen. Die Verwendung sorgfältig ausgewählter ätherischer Öle in Diffusormischungen ermöglicht ein individuell anpassbares und angenehmes Schlaferlebnis. Durch die Einhaltung altersgerechter Entscheidungen, der richtigen Verdünnung, Empfindlichkeitstests und anderer sicherer Praktiken können Betreuer die Vorteile der Aromatherapie nutzen, um eine beruhigende und schlaffördernde Umgebung für Kinder zu schaffen. Wie bei jeder Wellness-Praxis sollten individuelle Überlegungen und professionelle Beratung eingeholt werden, um ein positives und pflegendes Erlebnis zu gewährleisten.

TEIL 7: KRÄUTER IN DIE ERNÄHRUNG VON KINDERN EINBAUEN

7.1 Kräuterrezepte für wählerische Esser

Kinder können bekanntermaßen wählerische Esser sein, was es für Eltern schwierig macht, sicherzustellen, dass sie eine Vielzahl von Nährstoffen zu sich nehmen. Die Einbeziehung von Kräutern in ihre Ernährung verleiht ihnen nicht nur mehr Geschmack, sondern bringt auch potenzielle gesundheitliche Vorteile mit sich. Lassen Sie uns kreative und raffinierte Wege erkunden, Kräuter in Gerichte zu integrieren, die selbst die anspruchsvollsten jungen Gaumen ansprechen.

7.1.1 Hinterhältige, mit Kräutern angereicherte Gerichte

*1. Mit Kräutern angereicherte Pastasauce:
Erhöhen Sie den Nährwert einer klassischen Nudelsauce, indem Sie sie mit Kräutern verfeinern. Basilikum, Oregano und Thymian fein hacken und in die köchelnde Tomatensauce geben. Die Kräuter tragen nicht nur zum Geschmack bei, sondern verleihen dem Gericht auch antioxidative Eigenschaften.

*2. Mit Kräutern gewürzte Gemüse-Nuggets:
Kreieren Sie Gemüse-Nuggets, indem Sie Gemüse wie Karotten, Zucchini und Süßkartoffeln mixen. Fügen Sie der Mischung fein gehackten Rosmarin und Petersilie hinzu, bevor Sie sie formen und backen. Die Kräuter verstärken den Geschmack und liefern gleichzeitig zusätzliche Nährstoffe.

*3. Mit Kräutern angereichertes Kartoffelpüree:
Verfeinern Sie Kartoffelpüree mit Kräutern. Kartoffeln mit einem Zweig frischem Rosmarin oder Thymian kochen. Die Kartoffeln mit Butter, Milch und den Kräutern zerstampfen, um eine geschmackvolle und aromatische Beilage zu erhalten.

*4. Mit Kräutern angereicherter Grillkäse:

Streuen Sie fein gehackten Schnittlauch oder Dill zwischen die Käseschichten eines gegrillten Käsesandwichs. Die Kräuter sorgen für einen Hauch von Frische, ohne den vertrauten Komfort dieses kinderfreundlichen Favoriten zu beeinträchtigen.

*5. Mit Kräutern gewürztes Popcorn:

Mischen Sie luftgetrocknetes Popcorn mit einer Mischung aus geschmolzener Butter und getrockneten Kräutern wie Dill, Thymian oder Nährhefe für einen herzhaften und kräuterigen Snack. Es ist eine gesündere Alternative zu abgepackten, künstlich aromatisierten Optionen.

*6. Mit Kräutern angereicherter Mac 'n' Cheese:

Verfeinern Sie Makkaroni und Käse mit Kräutern in der Käsesauce. Frisch gehackte Petersilie, Schnittlauch oder sogar ein Hauch Salbei können diesem klassischen Gericht eine köstliche Note verleihen.

*7. Mit Kräutern angereicherte Pizzasauce:

Machen Sie eine hausgemachte Pizzasauce, indem Sie Tomaten mit Basilikum, Oregano und Knoblauch vermischen. Verteilen Sie diese mit Kräutern angereicherte Sauce auf dem Pizzateig und lassen Sie Kinder ihre Pizza mit ihren Lieblingsbelägen individuell gestalten.

*8. Mit Kräutern gewürzte Gemüsechips:

Machen Sie selbstgemachte Gemüsechips, indem Sie Gemüse wie Süßkartoffeln oder Rüben in dünne Scheiben schneiden. Die Scheiben in Olivenöl wenden und vor dem Backen mit einer Mischung aus getrockneten Kräutern wie Thymian, Rosmarin und Paprika bestreuen.

*9. Mit Kräutern marinierte Hühnchenfilets:

Marinieren Sie Hähnchenfilets in einer Mischung aus Joghurt, Zitronensaft und fein gehackten Kräutern wie Koriander, Minze und Basilikum. Die Marinade verleiht dem Huhn nicht nur Geschmack, sondern macht es auch zart.

7.1.2 Kreative Kräutersnacks für Kinder

*1. Mit Kräutern angereicherter Obstsalat:

Verfeinern Sie einen Obstsalat mit einem Hauch Minze oder Basilikum. Die Kräuter ergänzen die natürliche Süße der Früchte und sorgen für eine erfrischende Note.

*2. Käsewürfel mit Kräuterkruste:

Rollen Sie mundgerechte Käsewürfel in einer Mischung aus fein gehackten Kräutern wie Thymian, Dill oder Estragon. Die Kräuterkruste verleiht diesen Snack-Köstlichkeiten eine besondere Geschmacksnote.

*3. Joghurt-Dip mit Kräutergeschmack:

Mischen Sie fein gehackte Kräuter wie Schnittlauch, Petersilie oder Dill mit Naturjoghurt, um einen aromatischen Dip für geschnittene Früchte oder Gemüsesticks zu erhalten. Das steigert nicht nur den Geschmack, sondern regt auch zum gesunden Naschen an.

*4. Mit Kräutern angereicherter Hummus:

Mischen Sie frische Kräuter wie Koriander oder Basilikum zu Hummus, um eine lebendige und kräuterige Note zu erhalten. Servieren Sie es mit Pita-Chips oder Gemüsesticks für einen nahrhaften und aromatischen Snack.

*5. Mit Kräutern gewürzte Nussmischung:

Rösten Sie eine Kombination aus Nüssen mit einer Prise getrockneter Kräuter wie Rosmarin, Thymian und einer Prise Cayennepfeffer für einen herzhaften und proteinreichen Snack.

*6. Mit Kräutern gewürzter Hüttenkäse:

Für einen herzhaften und proteinreichen Snack mischen Sie fein gehackte Kräuter mit Hüttenkäse. Dies kann pur oder in Kombination mit Vollkorncrackern genossen werden.

*7. Mit Kräutern angereicherte Smoothies:

Fügen Sie Fruchtsmoothies eine Handvoll frische Kräuter wie Minze oder Basilikum hinzu, um einen unerwarteten Geschmacksexplosion zu erzielen. Die Kräuter ergänzen die Süße der Früchte und ergeben ein erfrischendes Getränk.

*8. Nussbutter mit Kräutergeschmack:

Für eine einzigartige Note mischen Sie fein gehackte Kräuter mit Mandel- oder Erdnussbutter. Verteilen Sie diese mit Kräutern angereicherte Nussbutter auf Vollkornbrot oder verwenden Sie sie als Dip für Apfelscheiben.

*9. Mit Kräutern gewürzte Reiskuchen:

Streuen Sie eine Mischung aus getrockneten Kräutern wie Thymian, Dill und Knoblauchpulver auf Reiskuchen, um einen leichten und knusprigen Snack zu erhalten. Kombinieren Sie sie mit Hummus oder Käse für zusätzlichen Genuss.

Die Einbeziehung von Kräutern in die Ernährung von Kindern muss keine Herausforderung sein; Es kann ein aufregendes und geschmackvolles Abenteuer sein. Mischen Sie Kräuter in bekannte Gerichte oder werden Sie kreativ mit Kräutersnacks, um gesunde Ernährung zu einem angenehmen Erlebnis für wählerische Esser zu machen. Der Schlüssel liegt darin, ein Gleichgewicht zwischen der Einführung neuer

Geschmacksrichtungen und der Aufrechterhaltung eines Vertrautheitsgefühls zu finden. Durch die Einbeziehung von Kräutern in Alltagsrezepte und Snacks können Betreuer eine positive Beziehung zwischen Kindern und nahrhaften, krautigen Köstlichkeiten aufbauen.

7.2 Kräutergetränke für Kinder

Die Zugabe von Kräutern zu Kindergetränken kann eine wunderbare Möglichkeit sein, nicht nur den Geschmack zu verbessern, sondern auch potenzielle gesundheitliche Vorteile zu bieten. Von erfrischenden Kräutergetränken bis hin zu gesunden Smoothies bieten diese mit Kräutern angereicherten Getränke eine kreative und nahrhafte Alternative zu zuckerhaltigen Optionen.

7.2.1 Erfrischende Kräutergetränke

*1. Minzige Limonade:

Kreieren Sie eine kühlende und erfrischende Minzlimonade, indem Sie frisch gepressten Zitronensaft mit einer Handvoll frischer Minzblätter aufgießen. Für die Süße etwas Honig oder Agavensirup hinzufügen. An warmen Tagen als belebendes Getränk auf Eis servieren.

*2. Kamillen-Eistee:

Brühen Sie Kamillentee auf und lassen Sie ihn abkühlen, bevor Sie ihn in den Kühlschrank stellen. Auf Eis mit einem Schuss Apfelsaft servieren, um einen wohltuenden und natürlich gesüßten Eistee zu erhalten. Diese koffeinfreie Variante ist für alle Altersgruppen geeignet und kann abends eine beruhigende Wahl sein.

*3. Beeren-Basilikum-Zitronenspritzer:

Gemischte Beeren, Basilikumblätter und einen Spritzer Zitrone in einen Mixer geben. Alles glatt rühren und abseihen, um eine lebendige und aromatische Beeren-Basilikum-Limonade zu erhalten. Dieses antioxidantienreiche Getränk bietet einen Hauch fruchtiger Köstlichkeiten mit Kräuternoten.

*4. Ingwer-Minz-Wunderkerze:

Geben Sie Ingwerscheiben und frische Minzblätter in kohlensäurehaltiges Wasser und erhalten Sie so ein pikantes und sprudelndes Getränk. Fügen Sie für die Süße einen Hauch Honig hinzu. Diese Ingwer-Minz-Wunderkerze ist nicht nur ein Gaumenschmaus, sondern fördert durch die beruhigenden Eigenschaften des Ingwers auch die Verdauung.

*5. Hibiskuskühler:

Hibiskustee aufbrühen und ziehen lassen, bis er Zimmertemperatur erreicht hat. Mit einem Spritzer Orangensaft vermischen und auf Eis servieren, um einen lebendigen und würzigen Hibiskuskühler zu erhalten. Hibiskus sorgt für einen satten Rotton und einen leicht säuerlichen Geschmack.

*6. Gurken-Basilikum-Aufguss:

Gurken in Scheiben schneiden und frische Basilikumblätter in einen Krug Wasser geben. Lassen Sie es einige Stunden im Kühlschrank ziehen. Das Ergebnis ist ein feuchtigkeitsspendender und aromatischer Gurken-Basilikum-Aufguss, der es noch angenehmer macht, ausreichend Flüssigkeit zu sich zu nehmen.

*7. Lavendel-Zitronen-Sprudel:

Machen Sie einen mit Lavendel angereicherten einfachen Sirup, indem Sie Wasser, Zucker und getrockneten Lavendel köcheln lassen. Kombinieren Sie diesen Sirup mit frisch gepresstem Zitronensaft und Limonade für einen duftenden und sprudelnden Lavendel-Zitronen-Sprudel. Der Lavendel verleiht diesem Brausegetränk eine dezente blumige Note.

*8. Rosmarin-Zitrusschorle:

Geben Sie Rosmarinzweige und Zitrusscheiben in das Wasser, um eine Kräuter- und Zitrusschorle zu erhalten. Dieses alkoholfreie Getränk bietet ein raffiniertes

Geschmacksprofil, das sowohl Kinder als auch Erwachsene anspricht. Für eine erfrischende Note auf Eis servieren.

7.2.2 Gesunde Kräuter-Smoothies

*1. Smoothie der grünen Göttin:

Kreieren Sie einen nährstoffreichen Smoothie, indem Sie Spinat, Grünkohl, Banane und eine Handvoll frische Minzblätter vermischen. Die Minze fügt eine erfrischende Komponente hinzu, um die erdige Note des Grüns auszugleichen. Griechischer Joghurt oder eine milchfreie Alternative sorgt für Cremigkeit und Eiweiß.

*2. Tropisches Basilikum-Glück:

Kombinieren Sie tropische Früchte wie Ananas, Mango und Kokoswasser mit frischen Basilikumblättern für einen tropischen Basilikum-Smoothie. Die aromatische Essenz des Basilikums verstärkt die tropischen Aromen und sorgt für ein köstlich exotisches Getränk.

*3. Beeren-Lavendel-Genuss:

Mischen Sie gemischte Beeren, einen Schuss Mandelmilch und einen Hauch Lavendel für einen Beeren-Lavendel-Genuss-Smoothie. Die blumigen Noten von Lavendel ergänzen die Süße der Beeren und ergeben ein lebendiges und aromatisches Getränk.

*4. Mango als Tango:

Mischen Sie reife Mangostücke mit frischen Minzblättern und Kokoswasser für einen Mango-Minz-Tango-Smoothie. Die Kombination aus Mango und Minze sorgt für ein tropisches und belebendes Erlebnis, perfekt für einen nahrhaften Snack oder ein Frühstück.

*5. Ananas-Salbei-Paradies:

Geben Sie Ananasstücke, Salbeiblätter und Kokosmilch in einen Mixer, um einen Ananas-Salbei-Paradies-Smoothie zu erhalten. Das leicht herzhafte Profil von Salbei verleiht der süßen und würzigen Ananas Tiefe und sorgt für ein einzigartiges und sättigendes Getränk.

*6. Bananen-Basilikum-Glück:

Kombinieren Sie Bananen, Basilikumblätter und einen Klecks Joghurt für einen Bananen-Basilikum-Smoothie. Die Kräuternoten des Basilikums verstärken die cremige Süße der Bananen und bieten eine köstliche Variante einer klassischen Kombination.

*7. Erdbeer-Rosmarin-Fusion:

Mischen Sie frische Erdbeeren, einen Zweig Rosmarin und Mandelmilch für einen Erdbeer-Rosmarin-Fusion-Smoothie. Der aromatische und kiefernartige Geschmack von Rosmarin ergänzt die Süße der Erdbeeren und ergibt eine harmonische und geschmackvolle Mischung.

*8. Heidelbeer-Thymian-Genuss:

Mischen Sie Blaubeeren, Thymianblätter und einen Spritzer Orangensaft in einem Mixer zu einem Heidelbeer-Thymian-Genuss-Smoothie. Die krautige Essenz von Thymian verleiht den süßen und säuerlichen Blaubeeraromen eine raffinierte Note.

Die Einbeziehung von Kräutern in Kindergetränke führt sie in eine Welt aufregender Geschmacksrichtungen ein und bietet gleichzeitig potenzielle gesundheitliche Vorteile. Von mit Kräutern angereicherten Getränken, die den Durst an heißen Tagen stillen, bis hin zu nährstoffreichen Smoothies, die als gesunder Snack dienen, bieten diese kreativen Zubereitungen eine ausgewogene und angenehme Möglichkeit, Kräuter in ihre Ernährung zu integrieren. Betreuer können mit verschiedenen Kombinationen experimentieren, um die perfekten Kräutergetränke zu finden, die den Geschmacksvorlieben und Ernährungsbedürfnissen ihrer Kinder entsprechen.

TEIL 8: PFLANZLICHE ERSTE HILFE FÜR KINDER

8.1 Erstellen eines Kräuter-Erste-Hilfe-Sets

Die Zusammenstellung eines Kräuter-Erste-Hilfe-Sets für Kinder ist ein proaktiver Ansatz zur Behandlung kleinerer Verletzungen und häufiger Beschwerden. Ein gut ausgestattetes Kräuter-Erste-Hilfe-Set kann natürliche Heilmittel und Unterstützung für eine Reihe von Situationen bieten, von Schnitten und Prellungen bis hin zu leichten Krankheiten. Lassen Sie uns die wesentlichen Bestandteile eines auf Kinder zugeschnittenen Kräuter-Erste-Hilfe-Sets erkunden.

8.1.1 Unverzichtbare Kräuter und Vorräte

*1. Calendula-Salbe:

Calendula, bekannt für ihre hautberuhigenden Eigenschaften, ist eine wertvolle Ergänzung zu einem pflanzlichen Erste-Hilfe-Set. Eine Ringelblumensalbe kann auf kleinere Schnittwunden, Kratzer und Insektenstiche aufgetragen werden, um die Heilung zu fördern und Entzündungen zu reduzieren.

*2. Arnika-Gel:

Arnika ist bekannt für seine entzündungshemmende und schmerzlindernde Wirkung. Arnikagel kann bei äußerlicher Anwendung bei Prellungen, Verstauchungen und Muskelkater eingesetzt werden. Es ist ein sanftes und wirksames Mittel, das für Kinder geeignet ist.

*3. Kamillentinktur:

Die beruhigenden und entzündungshemmenden Eigenschaften der Kamille machen sie vielseitig einsetzbar bei verschiedenen Beschwerden. Eine Kamillentinktur kann oral bei Verdauungsbeschwerden, Angstzuständen oder als mildes Beruhigungsmittel zur Unterstützung des Schlafes angewendet werden.

*4. Ätherisches Lavendelöl:

Ätherisches Lavendelöl ist ein vielseitiges Heilmittel mit beruhigenden, antimikrobiellen und hautberuhigenden Eigenschaften. Es kann verdünnt und äußerlich auf Insektenstiche, leichte Verbrennungen oder Schnittwunden aufgetragen werden. Auch in Stresssituationen kann die Inhalation von Lavendelöl zur Entspannung beitragen.

*5. Echinacea-Tinktur:

Echinacea ist für seine immunstärkenden Eigenschaften bekannt. Zu Beginn einer Erkältung oder Grippe kann eine Tinktur aus Echinacea verabreicht werden, um die natürlichen Abwehrmechanismen des Körpers zu unterstützen.

*6. Ingwer-Kaubonbons oder Teebeutel:

Ingwer lindert wirksam Übelkeit und Verdauungsbeschwerden. Die Aufnahme von Ingwer-Kaustücken oder einzelnen Teebeuteln in das Set bietet eine natürliche Lösung zur Linderung von Magenbeschwerden, Reisekrankheit oder Übelkeit.

*7. Aktivkohlepulver:

Aktivkohle ist ein wertvolles Mittel bei versehentlicher Vergiftung oder Einnahme von Schadstoffen. Es kann dabei helfen, Giftstoffe im Magen-Darm-Trakt zu absorbieren und so eine erste Reaktion zu ermöglichen, bevor professionelle medizinische Hilfe in Anspruch genommen wird.

*8. Aloe Vera Gel:

Aloe-Vera-Gel ist ein beruhigendes Mittel bei leichten Verbrennungen, Sonnenbränden und Hautirritationen. Es hilft Entzündungen zu reduzieren und fördert die Heilung. Stellen Sie sicher, dass das Aloe-Vera-Gel rein und frei von zugesetzten Chemikalien ist.

*9. Pfefferminzöl-Roll-on:

Pfefferminzöl ist für seine kühlende und schmerzstillende Wirkung bekannt. Bei Kopfschmerzen kann ein Roll-on mit verdünntem Pfefferminzöl auf die Schläfen aufgetragen werden, außerdem kann es helfen, Verspannungen zu lösen und die Konzentration zu fördern.

*10. Einweghandschuhe und sterile Verbände:

Durch die Einbeziehung von Einweghandschuhen und sterilen Verbänden wird sichergestellt, dass das Pflegepersonal die Wunden hygienisch versorgen kann. Diese Hilfsmittel sind für die Aufrechterhaltung einer sauberen und sicheren Umgebung bei der Erstversorgung von entscheidender Bedeutung.

*11. Thermometer:

Ein zuverlässiges Thermometer ist ein grundlegendes Instrument zur Beurteilung der Gesundheit eines Kindes. Bei Fieber können die Betreuer die Temperatur des Kindes überwachen und gegebenenfalls einen Arzt aufsuchen.

*12. Pinzette und Schere:

Pinzetten und Scheren sind unerlässlich, um Splitter sicher zu entfernen, Verbände zu schneiden oder in die Haut eingebettete Gegenstände zu handhaben. Diese Werkzeuge ermöglichen eine präzise und sorgfältige Erste-Hilfe-Maßnahme.

*13. Kräutertees zur Beruhigung:

Die Einbeziehung einer Auswahl beruhigender Kräutertees wie Kamille oder Zitronenmelisse kann hilfreich sein, um die Nerven zu beruhigen oder die Entspannung in Stresssituationen zu fördern.

*14. Notizbuch und Stift:

Wenn Sie im Erste-Hilfe-Kasten ein Notizbuch und einen Stift aufbewahren, können Pflegekräfte alle Vorfälle, Symptome oder verabreichten pflanzlichen Heilmittel aufzeichnen. Diese Informationen können bei der Suche nach professionellem medizinischen Rat hilfreich sein.

8.1.2 Pflanzliche Lösungen für leichte Verletzungen

*1. Schnitte und Kratzer:

Bei kleineren Schnitten und Kratzern reinigen Sie den Bereich mit milder Seife und Wasser. Tragen Sie Ringelblumensalbe auf, um die Heilung zu fördern und das Infektionsrisiko zu verringern. Die antimikrobiellen Eigenschaften von Calendula unterstützen den natürlichen Erholungsprozess der Haut.

*2. Prellungen und Verstauchungen:

Arnikagel ist ein Mittel gegen Prellungen und Verstauchungen. Tragen Sie das Gel sanft auf die betroffene Stelle auf, um Schwellungen zu reduzieren und Schmerzen zu lindern. Die entzündungshemmende Wirkung von Arnika macht sie zu einem wertvollen Hilfsmittel bei der Behandlung kleinerer Verletzungen.

*3. Insektenstiche und -stiche:

Ätherisches Lavendelöl kann äußerlich auf Insektenstiche oder -stiche aufgetragen werden. Seine antimikrobiellen Eigenschaften helfen, Infektionen vorzubeugen, während seine beruhigenden Eigenschaften Juckreiz und Beschwerden lindern.

*4. Verdauungsbeschwerden:

Kamillentinktur kann oral verabreicht werden, um Verdauungsbeschwerden wie Blähungen oder Verdauungsstörungen zu lindern. Aufgrund seiner beruhigenden Wirkung auf das Verdauungssystem eignet es sich zur Linderung leichter Magen-Darm-Probleme.

*5. Magenverstimmung oder Übelkeit:

Ingwer-Kaubonbons oder Ingwer-Teebeutel lindern wirksam Magenbeschwerden oder Übelkeit bei Kindern. Die natürlichen Eigenschaften von Ingwer gegen Übelkeit können Linderung verschaffen, ohne dass rezeptfreie Medikamente erforderlich sind. Ermutigen Sie das Kind, Ingwer-Kaubonbons zu kauen oder Ingwertee zu trinken. Die sanfte Wärme des Ingwers kann dabei helfen, Verdauungsbeschwerden zu lindern.

*6. Leichte Verbrennungen oder Sonnenbrände:

Aloe Vera Gel ist ein hervorragendes Mittel gegen leichte Verbrennungen oder Sonnenbrände. Tragen Sie eine dünne Schicht reines Aloe-Vera-Gel auf die betroffene Stelle auf, um die Haut zu beruhigen, Entzündungen zu reduzieren und die Heilung zu fördern. Stellen Sie sicher, dass das Gel frei von zusätzlichen Duftstoffen oder Chemikalien ist.

*7. Erkältungen und Grippe:

Echinacea-Tinktur kann zu Beginn einer Erkältung oder Grippe verabreicht werden, um das Immunsystem zu unterstützen. Befolgen Sie die empfohlenen Dosierungsrichtlinien für das Alter des Kindes. Die immunstärkenden Eigenschaften von Echinacea können dazu beitragen, die Schwere und Dauer der Symptome zu reduzieren.

*8. Kopfschmerzen oder Verspannungen:

Bei Kopfschmerzen oder Verspannungen kann der Pfefferminzöl-Roll-on sanft auf die Schläfen aufgetragen werden. Das kühlende Gefühl der Pfefferminze kann in Kombination mit ihren schmerzstillenden Eigenschaften zur Linderung von Beschwerden beitragen. Stellen Sie sicher, dass das Öl für eine sichere Anwendung richtig verdünnt ist.

*9. Versehentliche Vergiftung oder Einnahme schädlicher Substanzen:

Bei versehentlicher Vergiftung oder Einnahme schädlicher Substanzen kann Aktivkohlepulver verabreicht werden. Mischen Sie das Kohlepulver mit Wasser zu einer Aufschlämmung und verabreichen Sie diese so schnell wie möglich. Aktivkohle hilft, Giftstoffe im Magen-Darm-Trakt zu absorbieren.

*10. Fieber:

Bei Fieber können beruhigende Kräutertees wie Kamille oder Zitronenmelisse angeboten werden, um Entspannung und Wohlbefinden zu fördern. Ausreichende Ruhe, Flüssigkeitszufuhr und die Überwachung der Temperatur des Kindes sind unerlässlich. Suchen Sie professionellen medizinischen Rat auf, wenn das Fieber anhält oder sich verschlimmert.

*11. Splitter oder eingebettete Objekte:

Entfernen Sie Splitter oder eingebettete Gegenstände vorsichtig mit einer Pinzette aus der Haut. Reinigen Sie den Bereich mit milder Seife und Wasser und tragen Sie eine antiseptische Kräutersalbe wie Ringelblume auf, um Infektionen vorzubeugen. Überwachen Sie die Stelle auf Anzeichen von Rötung oder Schwellung.

*12. Aufzeichnung von Vorfällen und Abhilfemaßnahmen:

Das Notizbuch und der Stift im Erste-Hilfe-Kasten sind wertvoll für die Aufzeichnung von Vorfällen, Symptomen und verabreichten pflanzlichen Heilmitteln. Das Führen eines Protokolls kann dazu beitragen, medizinischem Fachpersonal genaue Informationen zu liefern, wenn weitere medizinische Hilfe erforderlich ist.

*13. Aufrechterhaltung der Hygiene:

Einweghandschuhe und sterile Verbände spielen eine entscheidende Rolle bei der Aufrechterhaltung der Hygiene bei der Versorgung von Wunden oder Verletzungen. Tragen Sie immer Handschuhe, wenn Sie pflanzliche Heilmittel äußerlich anwenden oder mit Körperflüssigkeiten umgehen.

*14. Ich suche professionellen medizinischen Rat:

Obwohl pflanzliche Heilmittel bei kleineren Problemen wirksam sein können, ist es wichtig zu wissen, wann Sie professionellen medizinischen Rat einholen sollten. Anhaltende oder schwerwiegende Symptome, Verletzungen oder andere besorgniserregende Situationen sollten Pflegekräfte dazu veranlassen, sich an medizinisches Fachpersonal zu wenden, um entsprechende Anleitung zu erhalten.

Durch die Erstellung eines Kräuter-Erste-Hilfe-Sets für Kinder können Betreuer kleinere Verletzungen und häufige Beschwerden auf natürliche und effektive Weise behandeln. Die Einbeziehung sorgfältig ausgewählter Kräuter und Materialien gewährleistet einen ganzheitlichen Ansatz zur Unterstützung der Gesundheit und des Wohlbefindens von Kindern. Überprüfen Sie den Erste-Hilfe-Kasten regelmäßig und füllen Sie ihn auf, um sicherzustellen, dass er für alle unvorhergesehenen Umstände gerüstet ist. Wie bei allen gesundheitsbezogenen Angelegenheiten gewährleistet die Beratung durch medizinisches Fachpersonal einen umfassenden und fundierten Ansatz für das Wohlergehen von Kindern.

8.2 Pflanzliche Heilmittel gegen Fieber und Infektionen

Wenn ein Kind unter Fieber oder Infektionen leidet, bieten pflanzliche Heilmittel einen sanften und ganzheitlichen Ansatz, um die natürlichen Heilungsprozesse des Körpers zu unterstützen. Von kühlenden Kräuterkompressen bis hin zu immunstärkenden Kräutern können diese Heilmittel Linderung verschaffen und die Genesung unterstützen.

8.2.1 Kühlende Kräuterkompressen

*1. Pfefferminz-Lavendel-Kompresse:

Pfefferminze und Lavendel, die für ihre kühlenden Eigenschaften bekannt sind, können zur Herstellung einer beruhigenden Kompresse zur Fiebersenkung verwendet werden. Eine Handvoll frische oder getrocknete Pfefferminzblätter und Lavendelblüten in heißes Wasser einweichen. Sobald es abgekühlt ist, tränken Sie ein sauberes Tuch mit dem Kräutertee, wringen Sie überschüssige Flüssigkeit aus und legen Sie es sanft auf die Stirn oder die Pulspunkte des Kindes. Der beruhigende Duft und das kühlende Gefühl können helfen, die mit Fieber verbundenen Beschwerden zu lindern.

*2. Kamillen- und Ringelblumenkompresse:

Kamille und Ringelblume besitzen entzündungshemmende und beruhigende Eigenschaften. Bereiten Sie einen Aufguss aus Kamille und Ringelblume zu, indem Sie die getrockneten Blüten in heißes Wasser einweichen. Nach dem Abkühlen ein sauberes Tuch mit der Kräuterflüssigkeit tränken. Tragen Sie die Kompresse auf die Stirn, den Hals oder die Handgelenke des Kindes auf. Diese Kombination kann helfen, Fieber zu senken und die Entspannung zu fördern.

*3. Eukalyptus-Dampfinhalation:

Eukalyptus ist für seine wohltuende Wirkung auf die Atemwege bekannt. Bei Atemwegsinfektionen, die Fieber verursachen, kann eine Inhalation mit Eukalyptusdampf hilfreich sein. Geben Sie ein paar Tropfen ätherisches Eukalyptusöl in eine Schüssel mit heißem Wasser. Bitten Sie das Kind, sich mit einem Handtuch über dem Kopf über die Schüssel zu beugen, um den Dampf einzuatmen. Die antimikrobiellen Eigenschaften von Eukalyptus können dazu beitragen, verstopfte Atemwege zu lindern und die Gesundheit der Atemwege zu unterstützen.

*4. Kräuterbad mit Rosmarin und Thymian:

Ein warmes Kräuterbad kann für ein Kind mit Fieber beruhigend sein. Geben Sie dem Badewasser frischen oder getrockneten Rosmarin und Thymian. Diese Kräuter sorgen nicht nur für ein angenehmes Aroma, sondern haben auch antibakterielle Eigenschaften. Das Kind kann in das Kräuterbad eintauchen, um die Entspannung zu fördern und auf natürliche Weise Fieber zu senken.

8.2.2 Immunstärkende Kräuter

*1. Echinacea-Tinktur:

Echinacea ist ein bekanntes immunstärkendes Kraut, das bei Infektionen hilfreich sein kann. Die Verabreichung von Echinacea-Tinktur in der für das Alter des Kindes empfohlenen Dosierung kann dazu beitragen, die Reaktion des Immunsystems zur Bekämpfung viraler oder bakterieller Infektionen zu stimulieren. Echinacea ist besonders wirksam, wenn es zu Beginn der Symptome eingenommen wird.

*2. Astragaluswurzeltee:

Die Astragaluswurzel wird wegen ihrer immunmodulierenden Eigenschaften geschätzt. Bereiten Sie einen milden Astragaluswurzeltee zu, indem Sie getrocknete Scheiben in Wasser köcheln lassen. Dieser immunstärkende Tee kann Kindern gegeben werden, um ihre Widerstandskraft gegen Infektionen zu stärken und das allgemeine Wohlbefinden zu fördern.

*3. Knoblauch-Honig-Sirup:

Knoblauch ist ein wirksames antimikrobielles und immunstärkendes Kraut. Bereiten Sie einen Knoblauch-Honig-Sirup zu, indem Sie Knoblauchzehen fein hacken und mit Honig vermischen. Lassen Sie die Mischung einige Stunden einwirken und verabreichen Sie dem Kind dann kleine Mengen. Die antimikrobiellen Eigenschaften von Knoblauch können bei der Bekämpfung von Infektionen helfen und der Honig sorgt für einen Hauch von Süße.

*4. Holundersirup:

Holunder wird für seine antiviralen Eigenschaften und seine Fähigkeit, die Dauer von Erkältungen und Grippe zu verkürzen, geschätzt. Um das Immunsystem des Kindes bei Infektionen zu unterstützen, verabreichen Sie Holundersirup, der im Handel erhältlich ist oder zu Hause zubereitet werden kann. Befolgen Sie die empfohlenen Dosierungsrichtlinien für Kinder.

*5. Süßholzwurzelaufguss:

Süßholzwurzel hat immunmodulierende Eigenschaften und kann als Aufguss zur Unterstützung der Gesundheit der Atemwege zubereitet werden. Die Süßholzwurzel in Wasser köcheln lassen und abkühlen lassen, bevor man sie dem Kind anbietet. Der süße Geschmack von Lakritz kann es für Kinder schmackhafter machen.

*6. Ingwer-Zitronen-Honig-Tee:

Ein beruhigender Ingwer-Zitronen-Honig-Tee kann Trost spenden und das Immunsystem unterstützen. Bereiten Sie einen Tee zu, indem Sie frische Ingwerscheiben in heißes Wasser tauchen und nach Belieben einen Spritzer Zitronensaft und Honig hinzufügen. Die entzündungshemmenden Eigenschaften des Ingwers, kombiniert mit dem Vitamin C der Zitrone und den immunstärkenden Eigenschaften des Honigs, machen dieses Getränk zu einer nahrhaften Option bei Infektionen.

*7. Mit Thymian angereicherter Honig:

Thymian ist reich an antimikrobiellen Verbindungen, und wenn man ihn in Honig einmischt, entsteht ein aromatisches Heilmittel. Kombinieren Sie frische Thymianblätter mit Honig und lassen Sie die Mischung einige Tage ruhen. Der resultierende, mit Thymian angereicherte Honig kann in kleinen Mengen verabreicht werden, um das Immunsystem zu stärken und Halsreizungen zu lindern.

*8. Goldene Kurkuma-Milch:

Kurkuma enthält Curcumin, das für seine entzündungshemmenden und antioxidativen Eigenschaften bekannt ist. Bereiten Sie eine goldene Kurkumamilch zu, indem Sie Kurkumapulver mit warmer Milch kombinieren. Fügen Sie für die Süße einen Hauch Honig hinzu. Dieses immunstärkende Getränk kann Kindern bei Infektionen angeboten werden, um die allgemeine Gesundheit zu unterstützen.

*9. Brennnesselblattaufguss:

Brennnesselblatt ist reich an Nährstoffe und hat immunstimulierende Eigenschaften. Bereiten Sie einen Aufguss aus Brennnesselblättern zu, indem Sie getrocknete Brennnesselblätter in heißes Wasser einweichen. Dieser nährstoffreiche Aufguss kann in Krankheitszeiten eine sinnvolle Ergänzung der Ernährung des Kindes sein.

*10. Oreganoöl:

Oreganoöl ist ein starkes antimikrobielles Mittel mit immunstärkenden Eigenschaften. Es sollte jedoch vorsichtig und in verdünnter Form verwendet werden. Geben Sie einen Tropfen Oreganoöl zu einem Trägeröl wie Olivenöl oder Kokosöl und tragen Sie es auf die Fußsohlen des Kindes auf. Alternativ kann zur oralen Verabreichung ein Tropfen auf einen Löffel Honig gegeben werden. Stellen Sie sicher, dass das Öl richtig verdünnt ist, und konsultieren Sie einen Arzt, bevor Sie Oreganoöl verwenden, insbesondere für Kinder.

Die Einbeziehung dieser kühlenden Kräuterkompressen und immunstärkenden Kräuter in die Pflegeroutine eines Kindes mit Fieber oder Infektionen steht im Einklang mit einem natürlichen und ganzheitlichen Ansatz für das Wohlbefinden. Obwohl pflanzliche Heilmittel unterstützend wirken können, ist es für das Pflegepersonal wichtig, die Symptome zu überwachen, bei Bedarf professionellen medizinischen Rat einzuholen und sicherzustellen, dass pflanzliche Behandlungen dem Alter und Gesundheitszustand des Kindes angemessen sind. Ein ausgewogener Ansatz, der pflanzliche Heilmittel mit der richtigen Flüssigkeitszufuhr, Ruhe und Ernährung kombiniert, trägt zum allgemeinen Wohlbefinden des Kindes in Krankheitsphasen bei.

TEIL 9: EMOTIONALE GESUNDHEIT MIT KRÄUTERN FÖRDERN

9.1 Kräuter gegen Stress und Angst bei Kindern

Kinder leiden wie Erwachsene unter Stress und Angst aufgrund verschiedener Faktoren wie schulischem Druck, sozialen Situationen oder Veränderungen in ihrer Umgebung. Pflanzliche Heilmittel können eine unterstützende Rolle dabei spielen, das emotionale Wohlbefinden zu fördern und Kindern dabei zu helfen, auf natürliche Weise mit Stress und Ängsten umzugehen.

9.1.1 Beruhigende Kräutertees

*1. Kamillentee:

Kamille ist ein bekanntes Kraut mit beruhigenden und beruhigenden Eigenschaften. Kamillentee kann ein sanftes und wirksames Mittel zur Linderung von Stress und Ängsten bei Kindern sein. Die beruhigende Wirkung der Kamille wird auf ihre Verbindungen zurückgeführt, darunter Apigenin, das mit Rezeptoren im Gehirn interagiert, um Entspannung herbeizuführen. Das Anbieten einer warmen Tasse Kamillentee vor dem Schlafengehen oder bei erhöhtem Stress kann für Kinder ein friedliches Ritual sein.

*2. Zitronenmelisse-Aufguss:

Zitronenmelisse ist für ihre beruhigende und stimmungsaufhellende Wirkung bekannt. Ein Aufguss aus Zitronenmelissenblättern kann durch Einweichen in heißes Wasser zubereitet werden. Der resultierende Tee kann warm oder kalt serviert werden und ist eine angenehme Option für Kinder. Aufgrund seiner sanften beruhigenden Eigenschaften eignet sich Zitronenmelisse zur Förderung der Entspannung und zur Linderung nervöser Anspannung.

*3. Lavendellimonade:

Die aromatischen Eigenschaften von Lavendel werden mit Stressabbau und Entspannung in Verbindung gebracht. Die Herstellung einer mit Lavendel angereicherten Limonade kann eine wunderbare Möglichkeit sein, Kindern die beruhigende Wirkung von Lavendel näher zu bringen. Fügen Sie einfach frische Lavendelblüten oder kulinarischen Lavendel zu Ihrer hausgemachten Limonade hinzu, um ein erfrischendes und beruhigendes Getränk zu erhalten. Das sorgt nicht nur für einen leckeren Genuss, sondern trägt auch zu einer ruhigen Atmosphäre bei.

*4. Passionsblumentee:

Passionsblume wird traditionell wegen ihrer beruhigenden Wirkung auf das Nervensystem verwendet. Passionsblumentee kann durch Einweichen getrockneter Passionsblumenblätter in heißes Wasser zubereitet werden. Der Tee kann Kindern mit Unruhe oder Angstzuständen angeboten werden. Es wird angenommen, dass die Verbindungen in der Passionsblume die Produktion von GABA steigern, einem Neurotransmitter, der die Entspannung fördert.

*5. Baldrianwurzel-Infusion (Vorsicht):

Baldrianwurzel ist für ihre beruhigenden Eigenschaften bekannt und kann unter Anleitung eines Arztes auch für ältere Kinder geeignet sein. Der Baldrianwurzelaufguss kann durch Einweichen der getrockneten Baldrianwurzel in heißem Wasser zubereitet werden. Aufgrund seiner starken Wirkung ist Vorsicht geboten und eine angemessene Dosierung erforderlich. Baldrianwurzel kann hilfreich sein, um die Entspannung zu fördern und die Schlafqualität zu verbessern.

9.1.2 Achtsamkeitsübungen für Kinder

*1. Kräuteraromatherapie:

Kinder an die Kräuteraromatherapie heranzuführen, kann eine unterhaltsame und wirksame Möglichkeit sein, Achtsamkeit zu fördern und Stress abzubauen. Ätherische Öle wie Lavendel-, Kamillen- und Zitrusöl können im Kinderzimmer verteilt oder auf ein Stoffsäckchen aufgetragen werden. Ermutigen Sie zu tiefen Atemzügen und achtsamem Einatmen, um die beruhigenden Düfte zu erleben. Diese einfache Übung kann eine sensorische Umgebung schaffen, die die Entspannung fördert.

2. Mit Kräutern angereicherter Spielteig:
Kreative Aktivitäten wie das Spielen mit mit Kräutern angereicherter Knetmasse können für Kinder eine therapeutische und achtsame Erfahrung sein. Mischen Sie beruhigende Kräuter wie Lavendel oder Kamille in die selbstgemachte Knete. Während Kinder die Spielknete manipulieren, können sie sich auf die Texturen und Düfte konzentrieren und so ein taktiles und beruhigendes Sinneserlebnis bieten.

3. Naturwanderungen mit Kräuteridentifikation:
Zeit in der Natur zu verbringen hat eine beruhigende Wirkung. Nehmen Sie Ihre Kinder mit auf Spaziergänge in der Natur und integrieren Sie die Kräutererkennung in das Erlebnis. Weisen Sie auf verschiedene Kräuter hin, besprechen Sie deren Aromen und ermutigen Sie die Kinder, die Pflanzen anzufassen und zu riechen. Die Verbindung mit der Natur auf diese Weise fördert Achtsamkeit und ein Gefühl der Ruhe.

4. Kräuter-Malvorlagen:
Stellen Sie Kindern Malvorlagen mit botanischen Illustrationen von Kräutern zur Verfügung. Besprechen Sie beim Färben die Eigenschaften jedes Krauts und seine potenziellen Vorteile. Diese achtsame Malaktivität fördert Konzentration und Entspannung und fördert gleichzeitig die Wertschätzung für die Natur.

5. Pflanzliche Sinnesflaschen:

Kreieren Sie Kräuter-Sensorflaschen, indem Sie durchsichtige Behälter mit einer Vielzahl beruhigender Kräuter wie Lavendelknospen, Kamillenblüten oder Zitronenmelissenblättern füllen. Verschließen Sie die Behälter gut. Kinder können die Flaschen leicht schütteln und beobachten, wie die Kräuter darin schwimmen. Dieses visuelle und auditive Erlebnis kann eine beruhigende und erdende Praxis sein.

*6. Achtsame Kräuterverkostung:

Führen Sie Kinder in die achtsame Praxis der Kräuterverkostung ein. Bereiten Sie eine Auswahl an Kräutertees mit sanften Aromen wie Kamille oder Minze zu. Ermutigen Sie die Kinder, den Tee langsam zu trinken und dabei auf den Geschmack und das Aroma zu achten. Diese achtsame Teeverkostung sorgt für einen Moment der Entspannung und Sinneswahrnehmung.

*7. Kräuter-Affirmationskarten:

Erstellen Sie Affirmationskarten auf Kräuterbasis mit positiven Botschaften zum emotionalen Wohlbefinden. Auf jeder Karte kann ein Kraut zusammen mit einer bestätigenden Aussage abgebildet sein. Kinder können jeden Tag oder in stressigen Momenten eine Karte auswählen, um eine positive Einstellung zu fördern und sich mit der beruhigenden Energie der Kräuter zu verbinden.

Die Förderung der emotionalen Gesundheit mit Kräutern erfordert einen ganzheitlichen Ansatz, der sowohl das körperliche als auch das emotionale Wohlbefinden berücksichtigt. Durch die Integration beruhigender Kräutertees und Achtsamkeitsübungen in den Tagesablauf eines Kindes können Betreuer wertvolle Hilfsmittel zur Stressbewältigung bereitstellen. Diese Praktiken bekämpfen nicht nur unmittelbare Stress- oder Angstgefühle, sondern tragen auch zur Entwicklung gesunder Bewältigungsmechanismen und einer langfristig positiven emotionalen Einstellung bei. Wie bei allen gesundheitsbezogenen Strategien können die individuellen Reaktionen unterschiedlich sein, und es ist ratsam, bei der Einführung dieser Praktiken die Vorlieben und das Wohlbefinden des Kindes zu berücksichtigen.

9.2 Unterstützung des emotionalen Ausdrucks mit Kräutern

Zur Förderung des emotionalen Ausdrucks bei Kindern gehört die Schaffung einer fördernden Umgebung, in der sie sich ermutigt fühlen, ihre Gefühle und Emotionen frei auszudrücken. Kräuter mit ihren sensorischen Qualitäten und therapeutischen Vorteilen können in verschiedene Aktivitäten integriert werden, um das emotionale Wohlbefinden zu fördern.

9.2.1 Mit Kräutern angereichertes Kunsthandwerk und Aktivitäten

*1. Herstellung von Kräutersäckchen:
Kinder in die Herstellung von Kräutersäckchen einzubeziehen, kann eine reizvolle und ausdrucksstarke Aktivität sein. Stellen Sie eine Auswahl an getrockneten Kräutern wie Lavendel, Kamille und Rosenblüten bereit. Lassen Sie Kinder ihre bevorzugten Kräuter auswählen und sie beim Befüllen kleiner Stoffbeutel anleiten. Diese Beutel können in Schränken oder unter Kissen platziert werden, um die Umgebung mit beruhigenden Düften zu erfüllen und als spürbarer Ausdruck der Kreativität zu dienen.

*2. Knetmasse mit Kräuterduft:
Durch die Umwandlung von Knetmasse in ein pflanzliches Sinneserlebnis können Kinder sich durch Berührung und Geruch ausdrücken. Geben Sie ätherischen Ölen oder fein gemahlenen Kräutern wie Minze oder Lavendel selbstgemachte Knetmasse hinzu. Während Kinder die duftende Spielknete formen und formen, nehmen sie an einer taktilen und aromatischen Aktivität teil, die den emotionalen Ausdruck spielerisch fördert.

*3. Aus Kräutern gepresstes Kunstwerk:

Führen Sie Kinder in die Kunst des Kräuterpressens ein und verbinden Sie die Schönheit der Natur mit kreativem Ausdruck. Sammeln Sie verschiedene frische Kräuter und Blumen und helfen Sie den Kindern, diese auf Papier zu arrangieren. Sobald das Kunstwerk fertig ist, drücken Sie die Kräuter vorsichtig zwischen schweren Büchern aus, bis sie getrocknet sind. Die fertigen Stücke stellen nicht nur die Schönheit der Kräuter zur Schau, sondern dienen auch als einzigartiger Ausdruck der Kreativität des Kindes.

*4. Kräutertraumkissen:

Die Herstellung von Traumkissen aus Kräutern bietet Kindern eine persönliche und fantasievolle Möglichkeit, ihre Gefühle auszudrücken. Stellen Sie eine Auswahl an Kräutern bereit, die für ihre beruhigenden Eigenschaften bekannt sind, wie zum Beispiel Kamille und Zitronenmelisse. Helfen Sie Kindern beim Basteln kleiner Kissen, die mit diesen Kräutern gefüllt sind. Wenn Sie die Traumkissen unter Ihre normalen Kissen legen, kann dies ein Element der Behaglichkeit und der Verbindung zu den Emotionen während des Schlafs schaffen.

*5. Mit Kräutern angereicherter Kunstbedarf:

Das Anreichern von Kunstgegenständen mit Kräuterdüften kann das Sinneserlebnis kreativer Aktivitäten verbessern. Geben Sie ein paar Tropfen ätherische Öle oder getrocknete Kräuter auf Aquarellpaletten, Knetmasse oder Modelliermasse. Wenn Kinder sich künstlerisch ausdrücken, tragen die Kräuterdüfte zu einem multisensorischen Erlebnis bei, das die emotionale Erkundung durch Kunst fördert.

*6. Mit Kräutern angereicherte Badebomben:

Durch die Herstellung von mit Kräutern angereicherten Badebomben kann das Baden zu einem sinnlichen Erlebnis werden. Kombinieren Sie getrocknete Kräuter wie Kamille oder Lavendel mit Badebomben-Zutaten, um wohltuende, aromatische Badezutaten zu kreieren. Wenn Kinder diese Kräuterbadebomben verwenden, genießen sie nicht nur die beruhigenden Düfte, sondern nehmen auch an einer entspannenden Aktivität teil, die den emotionalen Ausdruck unterstützt.

9.2.2 Schaffung einer positiven Kräuterumgebung

*1. Kräuter-Aromatherapie-Diffusoren:
Aromatherapie-Diffusoren bieten eine einfache, aber effektive Möglichkeit, eine positive Kräuterumgebung zu schaffen. Verwenden Sie Diffusoren, um ätherische Öle beruhigender Kräuter wie Lavendel, Kamille oder Bergamotte zu verteilen. Die sanfte Verbreitung von Kräuterdüften in der Luft schafft eine ruhige Atmosphäre, die sich positiv auf das emotionale Wohlbefinden auswirken kann und Kinder dazu ermutigt, sich entspannter auszudrücken.

*2. Kräuterdekoration und -präsentationen:
Dekorieren Sie Wohnräume mit pflanzlichen Elementen, um eine Umgebung zu schaffen, die Positivität und Ruhe widerspiegelt. Integrieren Sie Topfkräuter wie Lavendel oder Basilikum in Innenräume. Präsentieren Sie Sträuße aus getrockneten Kräutern oder Blumen, um der Umgebung natürliche Schönheit zu verleihen. Diese Kräuternoten tragen zu einer optisch ansprechenden und emotional erhebenden Atmosphäre bei.

*3. Mit Kräutern angereicherte Entspannungsecken:
Richten Sie eine Ecke oder einen Raum im Haus als Entspannungszone ein, die mit beruhigenden Kräutern angereichert ist. Legen Sie Kissen, weiche Decken und Kräutersäckchen in diesen Bereich. Ermutigen Sie Kinder, ruhige Momente in der Entspannungsecke zu verbringen, damit sie sich in einer ruhigen Kräuterumgebung entspannen und ihre Gefühle ausdrücken können.

*4. Kräuter-Affirmationsgläser:

Erstellen Sie Kräuter-Affirmationsgläser als positives Verstärkungsinstrument. Füllen Sie Gläser mit kleinen Zetteln mit Affirmationen oder positiven Botschaften im Zusammenhang mit dem emotionalen Wohlbefinden. Für ein zusätzliches sensorisches Element fügen Sie getrocknete Kräuter wie Lavendel oder Rosenblätter hinzu. Kinder können eine Notiz aus dem Glas nehmen, wenn sie Ermutigung suchen oder ihre Gefühle ausdrücken möchten, und so eine positive Einstellung fördern.

*5. Herstellung von mit Kräutern angereicherten Kerzen:

Das Herstellen von Kerzen mit Kräutertees bietet die Möglichkeit, sich kreativ auszudrücken und gleichzeitig beruhigende Düfte ins Zuhause zu bringen. Geschmolzenes Wachs kann vor dem Gießen in Formen mit ätherischen Ölen oder getrockneten Kräutern angereichert werden. Die resultierenden Kerzen verströmen beim Anzünden Kräuteraromen und tragen so zu einer wohligen Atmosphäre bei, die den emotionalen Ausdruck unterstützt.

*6. Mit Kräutern angereicherte Leseecken:

Verwandeln Sie Leseecken in Kräuterparadiese, indem Sie weiche Kissen, kuschelige Decken und nach Kräutern duftende Elemente hinzufügen. Stellen Sie kleine Schüsseln mit getrockneten Kräutern oder mit Kräutern angereichertes Potpourri in die Nähe von Leseräumen. Dies verbessert nicht nur das Leseerlebnis, sondern schafft auch eine ruhige Umgebung, in der Kinder in Bücher vertiefen und ihre Gefühle durch Geschichtenerzählen ausdrücken können.

Die Einbeziehung von Kräutern in Handwerksarbeiten, Aktivitäten und die gesamte Umgebung bietet Kindern Möglichkeiten zum kreativen Ausdruck und zur emotionalen Erkundung. Durch die Teilnahme an diesen mit Kräutern angereicherten Erlebnissen können Kinder eine tiefere Verbindung zur Natur entwickeln, lernen, ihre Gefühle auf positive Weise auszudrücken und ein Gefühl des Wohlbefindens zu entwickeln. Diese Aktivitäten tragen nicht nur zu einem positiven emotionalen Umfeld bei, sondern bieten Kindern auch wertvolle Werkzeuge zur Selbstdarstellung und emotionalen Belastbarkeit.

TEIL 10: WACHSEN MIT KRÄUTERN

10.1 Kindern etwas über Kräuterweisheit beibringen

Wenn man sich auf eine lebenslange Reise mit Kräutern begibt, muss man Kindern eine Grundlage der Kräuterweisheit vermitteln. Die Aufklärung über die vielfältige Welt der Kräuter vermittelt nicht nur wertvolles Wissen, sondern fördert auch die Verbindung zur Natur und fördert eine lebenslange Wertschätzung für Kräuterpraktiken.

10.1.1 Kräutererziehung für Kinder

Eine auf Kinder zugeschnittene Kräuterpädagogik bietet eine ansprechende und leicht zugängliche Einführung in die Welt der Pflanzen und ihre Vorteile. Beginnen Sie damit, ihnen etwas über häufig verwendete Kräuter wie Kamille, Minze und Lavendel beizubringen. Nutzen Sie praktische Aktivitäten wie Spaziergänge zum Erkennen von Kräutern, bei denen Kinder verschiedene Kräuter in einer natürlichen Umgebung beobachten, berühren und riechen können. Integrieren Sie Spiele und Geschichtenerzählen, um den Lernprozess unterhaltsam und interaktiv zu gestalten.

Machen Sie Kinder im Rahmen der Kräutererziehung mit grundlegenden Konzepten der Botanik vertraut. Helfen Sie ihnen, die Bestandteile von Pflanzen, die Bedeutung von Erde, Sonnenlicht und Wasser für das Wachstum und den Lebenszyklus von Kräutern zu verstehen. Dieses grundlegende Wissen legt den Grundstein für ein tieferes Verständnis der Wechselwirkungen zwischen Pflanzen und dem menschlichen Wohlbefinden.

Beteiligen Sie Kinder an einfachen Kräuterexperimenten, wie z. B. dem Anbau von Kräutern in Töpfen oder der Herstellung von Kräutertees. Diese praktischen Erfahrungen machen das Lernen nicht nur greifbar, sondern fördern auch das Verantwortungsbewusstsein und die Verbundenheit zu den Pflanzen, die sie anbauen.

Nutzen Sie altersgerechte Ressourcen wie Bücher, Videos und interaktive Online-Plattformen, um ihr Verständnis für Kräuterpraktiken zu erweitern.

Wenn Kinder in ihrer Kräuterkunde Fortschritte machen, führen Sie fortgeschrittenere Themen ein, wie die traditionelle Verwendung von Kräutern in verschiedenen Kulturen, die Wissenschaft hinter der Kräutermedizin und die Bedeutung nachhaltiger Erntepraktiken. Fördern Sie Fragen und Erkundungen, lassen Sie ihre Neugier ihre Lernreise gestalten und fördern Sie eine lebenslange Liebe zur Kräuterweisheit.

10.1.2 Die Liebe zur Natur pflegen

Kindern etwas über Kräuter beizubringen, geht Hand in Hand mit der Entwicklung der Liebe zur Natur. Schaffen Sie Möglichkeiten für sie, sich mit der Natur auseinanderzusetzen, sei es durch Gartenarbeit, Spaziergänge in der Natur oder Aktivitäten im Zusammenhang mit Kräutern im Freien. Betonen Sie die Bedeutung des Respekts und der Wertschätzung der Natur und vermitteln Sie schon in jungen Jahren Werte des Umweltschutzes.

Gestalten Sie Kräutergärten speziell für Kinder mit einfach anzubauenden und sensorischen Kräutern. Erlauben Sie ihnen, die Verantwortung für ihre Kräuterbeete zu übernehmen, von der Aussaat bis zur Pflege der Pflanzen. Diese praktische Beteiligung vermittelt nicht nur praktische Fähigkeiten im Gartenbau, sondern vertieft auch ihre Verbindung zur Natur, während sie Zeuge des Wachstums und der Verwandlung von Kräutern werden.

Integrieren Sie von der Natur inspiriertes Kunsthandwerk in ihre Kräuterausbildung. Ermutigen Sie sie, Kräutertagebücher zu erstellen, in denen sie ihre Beobachtungen,

Zeichnungen und Erfahrungen mit verschiedenen Kräutern dokumentieren können. Dieser künstlerische Ausdruck dient als kreatives Ventil und stärkt gleichzeitig ihre Verbindung zur Pflanzenwelt.

Naturbezogene Aktivitäten wie Kräuter-Schnitzeljagden oder die Herstellung von Kunsthandwerk zum Thema Kräuter mit Materialien aus der Natur fördern das Gefühl des Staunens und der Erkundung. Diese Aktivitäten machen nicht nur das Lernen angenehm, sondern tragen auch zur Entwicklung einer starken Bindung zwischen Kindern und der Natur bei.

Kindern die Weisheit der Kräuter beizubringen, geht über die formale Bildung hinaus. Ermutigen Sie Familien zu Ausflügen in botanische Gärten, Kräuterfeste oder Naturschutzgebiete. Durch diese Erfahrungen lernen Kinder eine vielfältige Vielfalt an Pflanzen und Kräutern kennen und erweitern ihr Verständnis und ihre Wertschätzung für die reiche Vielfalt der Natur.

Wenn Kinder heranwachsen, sollten Sie sie in fortgeschrittenere Aspekte der Kräuterkunde einbeziehen, wie zum Beispiel nachhaltige Nahrungssuche und ethisches Ernten. Bringen Sie ihnen bei, wie wichtig es ist, natürliche Lebensräume zu erhalten und die Ökosysteme zu respektieren, die die pflanzliche Artenvielfalt unterstützen. Indem Kindern neben dem Wissen über Kräuter auch die Liebe zur Natur vermittelt wird, sind sie besser dafür gerüstet, Umweltschützer zu werden und sich für nachhaltige Praktiken in der Zukunft einzusetzen.

10.2 Nachhaltige Kräuterpraktiken für Familien

Nachhaltige Kräuterpraktiken für Familien beinhalten die Einführung umweltfreundlicher Ansätze beim Kräuteranbau und die Weitergabe von Kräuterwissen über Generationen hinweg. Da sich Familien mit dem Anbau und der Nutzung von Kräutern befassen, sorgt die Einbeziehung von Nachhaltigkeit für eine harmonische Beziehung zur Umwelt und ein bleibendes Erbe der Kräuterweisheit.

10.2.1 Umweltfreundliche Kräutergärtnerei

Die Schaffung eines nachhaltigen Kräutergartens beginnt mit einer achtsamen Planung und umweltfreundlichen Praktiken. Nutzen Sie biologische Gartenbaumethoden, indem Sie auf synthetische Pestizide und Düngemittel verzichten und sich für natürliche Alternativen entscheiden, die die Bodengesundheit fördern und nützliche Insekten schützen. Implementieren Sie Begleitpflanzungsstrategien, bei denen für beide Seiten vorteilhafte Pflanzen gruppiert werden, um die Schädlingsbekämpfung zu verbessern und die Artenvielfalt zu fördern.

Wählen Sie für den Anbau alte und freiblühende Kräutersorten. Durch die Auswahl von Saatgut, das keiner gentechnischen Veränderung unterzogen wurde, tragen Familien dazu bei, die Vielfalt und Widerstandsfähigkeit der Pflanzenarten zu erhalten. Fördern Sie die Verwendung von gentechnikfreiem Saatgut und unterstützen Sie lokale Saatgutbanken oder -börsen, um die Erhaltung traditioneller Pflanzensorten zu fördern.

Führen Sie Wasserschutzmaßnahmen in Kräutergärten durch. Nutzen Sie Regenwassernutzungssysteme, um Regenwasser für die Bewässerung zu sammeln und zu speichern. Das Mulchen rund um Kräuter trägt dazu bei, die Bodenfeuchtigkeit zu bewahren, verringert die Wasserverdunstung und unterdrückt das Wachstum von Unkraut. Wenn Sie Kindern die Bedeutung des Wassersparens vermitteln, erhalten Sie schon früh Unterricht im verantwortungsvollen Umgang mit Ressourcen.

Kompostieren Sie Küchenabfälle, um nährstoffreiche Bodenverbesserungsmittel für Kräutergärten zu schaffen. Durch die Umwandlung von Küchenabfällen in Kompost wird nicht nur der Müll auf der Mülldeponie reduziert, sondern auch der Boden mit organischem Material angereichert. Beziehen Sie Kinder in Kompostierungsaktivitäten ein und erklären Sie, wie diese zur Gesundheit des Kräutergartens und des gesamten Ökosystems beitragen.

Praktizieren Sie regenerative Gartentechniken, um die Gesundheit und Fruchtbarkeit des Bodens zu verbessern. Wechseln Sie den Kräuteranbau jährlich, um eine Erschöpfung des Bodens zu verhindern und einen ausgewogenen Nährstoffgehalt zu fördern. Integrieren Sie Zwischenfrüchte wie Klee oder Hülsenfrüchte, um Stickstoff zu binden und die Bodenstruktur zu verbessern. Diese regenerativen Praktiken tragen zur langfristigen Nachhaltigkeit des Kräutergartens bei.

Betonen Sie die Bedeutung einer bestäubungsfreundlichen Gartenarbeit. Bienen, Schmetterlinge und andere Bestäuber spielen eine entscheidende Rolle bei der Kräuterreproduktion. Pflanzen Sie verschiedene blühende Kräuter, um Bestäuber anzulocken und zu unterstützen. Die Schaffung eines einladenden Lebensraums für diese nützlichen Insekten fördert die Artenvielfalt und sorgt für den anhaltenden Erfolg von Kräutergärten.

Implementieren Sie natürliche Schädlingsbekämpfungsmethoden, um Kräutergartenschädlinge zu bekämpfen, ohne nützliche Organismen zu schädigen. Fördern Sie die Anwesenheit natürlicher Feinde wie Marienkäfer und Florfliegen. Auch die Begleitbepflanzung mit schädlingsabweisenden Kräutern wie Basilikum und Minze kann zu einem ausgeglichenen Ökosystem im Garten beitragen.

Erwägen Sie alternative Energiequellen für die Pflege Ihres Kräutergartens. Solarbetriebene Gartenleuchten, Bewässerungssysteme und andere energieeffiziente Geräte stehen im Einklang mit nachhaltigen Praktiken. Informieren Sie Familienmitglieder, insbesondere Kinder, über die Vorteile der Nutzung erneuerbarer Energien für die Pflege eines Kräutergartens und die Reduzierung des ökologischen Fußabdrucks.

10.2.2 Weitergabe von Kräuterwissen über Generationen hinweg

Der Erhalt des Kräuterwissens innerhalb der Familie erfordert bewusste Bemühungen, das Wissen von einer Generation zur nächsten weiterzugeben. Die Schaffung einer Familientradition der Kräuterheilkunde fördert das Gefühl der Kontinuität und stellt sicher, dass wertvolles Wissen erhalten und geschätzt wird.

Beginnen Sie damit, Kinder in alltägliche Aktivitäten im Zusammenhang mit Kräutern einzubeziehen. Ob es darum geht, Samen zu säen, Kräuter zu ernten oder pflanzliche Heilmittel zuzubereiten, diese gemeinsamen Erlebnisse schaffen bleibende Erinnerungen und wecken eine natürliche Neugier auf die Pflanzenwelt. Wenn Kinder aktiv an diesen Aktivitäten teilnehmen, nehmen sie praktisches Kräuterwissen auf natürliche Weise auf.

Erstellen Sie ein Kräutertagebuch für die ganze Familie, um Erfahrungen, Beobachtungen und Kräuterrezepte zu dokumentieren. Ermutigen Sie Familienmitglieder, ihre Erkenntnisse, Entdeckungen und Überlegungen einzubringen. Mit der Zeit wird dieses Tagebuch zu einem geschätzten Aufbewahrungsort geteilter Kräuterweisheiten, das künftigen Generationen als Leitfaden dient und die Verbindung der Familie zu Kräutern stärkt.

Initiieren Sie in der Familie Geschichtenerzählsitzungen zum Thema Kräuter. Erzählen Sie Anekdoten über die kulturelle Bedeutung bestimmter Kräuter, traditionelle Verwendungszwecke, die über Generationen weitergegeben wurden, und unvergessliche Erlebnisse im Zusammenhang mit der Kräutergärtnerei. Diese mündliche Überlieferung stellt sicher, dass der Reichtum des Kräuterwissens in das Gefüge der Familiengeschichten eingewoben wird.

Bieten Sie praktische Kräuter-Workshops oder Lernsitzungen für Familienmitglieder an. Diese Zusammenkünfte bieten die Möglichkeit, praktische Fertigkeiten zu erlernen, beispielsweise die Zubereitung von Kräutertee, Salben oder Tinkturen. Schaffen Sie eine unterstützende Umgebung, in der Fragen willkommen sind und Familienmitglieder ihre einzigartigen Perspektiven und Erkenntnisse über Kräuter frei teilen können.

Fördern Sie Mentoring innerhalb der Familienstruktur. Ältere Familienmitglieder, die über jahrelange Kräuterkenntnisse verfügen, können jüngeren als Mentoren zur Seite stehen und sie in den Nuancen der Kräutererkennung, des Anbaus und der Verwendung anleiten. Diese Mentorschaft fördert das Gefühl der generationsübergreifenden Verbundenheit und des gegenseitigen Lernens.

Feiern Sie Kräutertraditionen innerhalb der Familie, insbesondere bei wichtigen Anlässen. Integrieren Sie pflanzliche Elemente in Feiertagsfeiern, Geburtstage oder Familientreffen. Ob es darum geht, einen besonderen Kräutertee zuzubereiten, mit Kräutern angereicherte Gerichte zuzubereiten oder selbstgemachte Kräutergeschenke auszutauschen – diese Traditionen stärken die Bindung zwischen Familienmitgliedern und ihrem gemeinsamen Kräutererbe.

Integrieren Sie Technologie in die Erhaltung des Kräuterwissens. Erstellen Sie eine digitale Familienkräuterbibliothek oder eine Online-Plattform, auf der Familienmitglieder Artikel, Fotos und Videos zum Thema Kräuter beisteuern können. Dieses virtuelle Repository dient als dynamische Ressource, auf die Familienmitglieder über Generationen hinweg zugreifen können.

Beteiligen Sie sich gemeinsam an der gemeinschaftlichen Kräuterheilkunde. Nehmen Sie als Familie an lokalen Kräuterwanderungen, Workshops oder Kräuterveranstaltungen teil. Dieses gemeinschaftliche Engagement erweitert nicht nur das Kräuterwissen der Familie, sondern verbindet sie auch mit breiteren Netzwerken von Kräuterbegeisterten und fördert so das Gemeinschaftsgefühl.

Die Weitergabe des Kräuterwissens über Generationen hinweg ist ein wechselseitiger Prozess, der sowohl den Ältesten, die ihr Wissen weitergeben, als auch den jüngeren Mitgliedern, die es aufnehmen, zugute kommt. Durch die Integration nachhaltiger Kräuteranbaupraktiken mit bewussten Bemühungen zur Kultivierung und Weitergabe von Kräuterwissen innerhalb der Familie werden Haushalte zu lebendigen Vermächtnissen der Kräuterweisheit, die über die Zeit hinweg Bestand hat und sich weiterentwickelt.

Abschluss

Die umfassende Sammlung pflanzlicher Heilmittel und Naturheilmittel für die Gesundheit von Kindern dient als wertvolle Ressource und bietet Einblicke in das weite Reich der Kräuterheilkunde. Im Laufe des Buches haben sich die Leser mit den Grundprinzipien des Verständnisses von Kräutermedizin für Kinder befasst, ihre Vorteile und Risiken erkannt und Sicherheitsrichtlinien eingehalten. Die Bedeutung natürlicher Ansätze für die Gesundheit von Kindern wurde hervorgehoben, wobei der Schwerpunkt auf ganzheitlichem Wohlbefinden und der Integration von Kräutern mit der konventionellen Medizin liegt.

Die Reise geht weiter mit praktischen Anleitungen zur Einrichtung von Kräutergärten für Kinder, zur Auswahl kinderfreundlicher Kräuter und zur Schaffung sicherer und ansprechender Kräuterräume. Es wurden wesentliche Kräuter für häufige Kinderbeschwerden, natürliche Lösungen für chronische Erkrankungen und ganzheitliches Wohlbefinden durch Kräuterbäder und -öle erforscht, die eine vielfältige Palette an Hilfsmitteln für Betreuer bieten. Die Einbeziehung von Kräutern in die Ernährung von Kindern, pflanzliche Erste-Hilfe-Praktiken und die Förderung der emotionalen Gesundheit durch Kräuter bereichern das Spektrum des Kräuterwissens zusätzlich.

Der Höhepunkt des Buches liegt in der Förderung einer lebenslangen Beziehung zu Kräutern. Die Vermittlung von Kräuterweisheit und nachhaltigen Praktiken an Kinder gewährleistet die Wissensweitergabe über Generationen hinweg. Nachhaltige Kräutergärtnereipraktiken, gepaart mit der Weitergabe von Kräuterwissen, verkörpern einen ganzheitlichen Ansatz, der im Einklang mit der Vernetzung von Natur und menschlichem Wohlbefinden steht.

Wenn Familien sich auf die Reise des Anbaus mit Kräutern begeben, erwerben sie nicht nur praktische Kenntnisse im Kräuteranbau und in der Verwendung, sondern tragen auch zum Erhalt der pflanzlichen Biodiversität und zur Förderung einer nachhaltigen Lebensweise bei. Das Zusammenspiel von Wissenschaft, Tradition und Umweltbewusstsein unterstreicht die zeitlose Relevanz pflanzlicher Heilmittel für die Förderung der Gesundheit und des Wohlbefindens der jüngsten Mitglieder unserer Gemeinschaften.

Durch die Übernahme der in diesem Buch dargelegten Prinzipien und Praktiken können Betreuer sich selbst in die Lage versetzen, fürsorgliche Umgebungen zu schaffen, in denen sich Kinder auf natürliche Weise entfalten können. Die Synergie zwischen Kräuterweisheit, nachhaltigen Praktiken und der Weitergabe von Wissen über Generationen hinweg verkörpert ein ganzheitliches Paradigma, das mit der inhärenten Weisheit der Natur in Einklang steht. Kräuter erzählen eine Geschichte von Widerstandsfähigkeit, Verbundenheit und dem bleibenden Erbe jahrhundertealter Kräuterpraktiken für die Gesundheit von Kindern

www.ingramcontent.com/pod-product-compliance
Lightning Source LLC
Chambersburg PA
CBHW080955290526
45795CB00009B/2963